Aprender

Eureka Math®
1.er grado
Módulos 4 y 5

Publicado por Great Minds®.

Copyright © 2019 Great Minds®.

Impreso en los EE. UU.
Este libro puede comprarse en la editorial en eureka-math.org.
4 5 6 7 8 9 10 CCD 24 23 22

ISBN 978-1-64054-866-4

G1-SPA-M4-M5-L-05.2019

Aprender ⬦ Practicar ⬦ Triunfar

Los materiales del estudiante de *Eureka Math*® para *Una historia de unidades*™ (K–5) están disponibles en la trilogía *Aprender, Practicar, Triunfar*. Esta serie apoya la diferenciación y la recuperación y, al mismo tiempo, permite la accesibilidad y la organización de los materiales del estudiante. Los educadores descubrirán que la trilogía *Aprender, Practicar y Triunfar* también ofrece recursos consistentes con la Respuesta a la intervención (RTI, por sus siglas en inglés), las prácticas complementarias y el aprendizaje durante el verano que, por ende, son de mayor efectividad.

Aprender

Aprender de *Eureka Math* constituye un material complementario en clase para el estudiante, a través del cual pueden mostrar su razonamiento, compartir lo que saben y observar cómo adquieren conocimientos día a día. *Aprender* reúne el trabajo en clase—la Puesta en práctica, los Boletos de salida, los Grupos de problemas, las plantillas—en un volumen de fácil consulta y al alcance del usuario.

Practicar

Cada lección de *Eureka Math* comienza con una serie de actividades de fluidez que promueven la energía y el entusiasmo, incluyendo aquellas que se encuentran en *Practicar* de *Eureka Math*. Los estudiantes con fluidez en las operaciones matemáticas pueden dominar más material, con mayor profundidad. En *Practicar*, los estudiantes adquieren competencia en las nuevas capacidades adquiridas y refuerzan el conocimiento previo a modo de preparación para la próxima lección.

En conjunto, *Aprender* y *Practicar* ofrecen todo el material impreso que los estudiantes utilizarán para su formación básica en matemáticas.

Triunfar

Triunfar de *Eureka Math* permite a los estudiantes trabajar individualmente para adquirir el dominio. Estos grupos de problemas complementarios están alineados con la enseñanza en clase, lección por lección, lo que hace que sean una herramienta ideal como tarea o práctica suplementaria. Con cada grupo de problemas se ofrece una Ayuda para la tarea, que consiste en un conjunto de problemas resueltos que muestran, a modo de ejemplo, cómo resolver problemas similares.

Los maestros y los tutores pueden recurrir a los libros de *Triunfar* de grados anteriores como instrumentos acordes con el currículo para solventar las deficiencias en el conocimiento básico. Los estudiantes avanzarán y progresarán con mayor rapidez gracias a la conexión que permiten hacer los modelos ya conocidos con el contenido del grado escolar actual del estudiante.

Estudiantes, familias y educadores:

Gracias por formar parte de la comunidad de *Eureka Math*®, donde celebramos la dicha, el asombro y la emoción que producen las matemáticas.

En las clases de *Eureka Math* se activan nuevos conocimientos a través del diálogo y de experiencias enriquecedoras. A través del libro *Aprender* los estudiantes cuentan con las indicaciones y la sucesión de problemas que necesitan para expresar y consolidar lo que aprendieron en clase.

¿Qué hay dentro del libro Aprender?

Puesta en práctica: la resolución de problemas en situaciones del mundo real es un aspecto cotidiano de *Eureka Math*. Los estudiantes adquieren confianza y perseverancia mientras aplican sus conocimientos en situaciones nuevas y diversas. El currículo promueve el uso del proceso LDE por parte de los estudiantes: Leer el problema, Dibujar para entender el problema y Escribir una ecuación y una solución. Los maestros son facilitadores mientras los estudiantes comparten su trabajo y explican sus estrategias de resolución a sus compañeros/as.

Grupos de problemas: una minuciosa secuencia de los Grupos de problemas ofrece la oportunidad de trabajar en clase en forma independiente, con diversos puntos de acceso para abordar la diferenciación. Los maestros pueden usar el proceso de preparación y personalización para seleccionar los problemas que son «obligatorios» para cada estudiante. Algunos estudiantes resuelven más problemas que otros; lo importante es que todos los estudiantes tengan un período de 10 minutos para practicar inmediatamente lo que han aprendido, con mínimo apoyo de la maestra.

Los estudiantes llevan el Grupo de problemas con ellos al punto culminante de cada lección: la Reflexión. Aquí, los estudiantes reflexionan con sus compañeros/as y el maestro, a través de la articulación y consolidación de lo que observaron, aprendieron y se preguntaron ese día.

Boletos de salida: a través del trabajo en el Boleto de salida diario, los estudiantes le muestran a su maestra lo que saben. Esta manera de verificar lo que entendieron los estudiantes ofrece al maestro, en tiempo real, valiosas pruebas de la eficacia de la enseñanza de ese día, lo cual permite identificar dónde es necesario enfocarse a continuación.

Plantillas: de vez en cuando, la Puesta en práctica, el Grupo de problemas u otra actividad en clase requieren que los estudiantes tengan su propia copia de una imagen, de un modelo reutilizable o de un grupo de datos. Se incluye cada una de estas plantillas en la primera lección que la requiere.

¿Dónde puedo obtener más información sobre los recursos de Eureka Math?

El equipo de Great Minds® ha asumido el compromiso de apoyar a estudiantes, familias y educadores a través de una biblioteca de recursos, en constante expansión, que se encuentra disponible en eureka-math.org. El sitio web también contiene historias exitosas e inspiradoras de la comunidad de *Eureka Math*. Comparte tus ideas y logros con otros usuarios y conviértete en un Campeón de *Eureka Math*.

¡Les deseo un año colmado de momentos "¡ajá!"!

Jill Diniz

Jill Diniz
Directora de matemáticas
Great Minds®

El proceso de Leer-Dibujar-Escribir

El programa de *Eureka Math* apoya a los estudiantes en la resolución de problemas a través de un proceso simple y repetible que presenta la maestra. El proceso Leer-Dibujar-Escribir (LDE) requiere que los estudiantes

1. Lean el problema.

2. Dibujen y rotulen.

3. Escriban una ecuación.

4. Escriban un enunciado (afirmación).

Se procura que los educadores utilicen el andamiaje en el proceso, a través de la incorporación de preguntas tales como

- ¿Qué observas?

- ¿Puedes dibujar algo?

- ¿Qué conclusiones puedes sacar a partir del dibujo?

Cuánto más razonen los estudiantes a través de problemas con este enfoque sistemático y abierto, más interiorizarán el proceso de razonamiento y lo aplicarán instintivamente en el futuro.

Contenido

Módulo 4: Valor posicional, comparación, suma y resta hasta 40

Módulo 5: Identificación, composición y descomposición de figuras geométricas

1.ᵉʳ grado

Módulo 4

Lee

Joy tiene 10 canicas en 1 mano y 10 canicas en la otra mano. ¿Cuántas canicas tiene en total?

Dibuja

Escribe

_____

_____

_____

Lección 1: Comparar la eficacia de contar en unidades y contar en decenas.

© 2019 Great Minds®. eureka-math.org

3

Nombre _____ Fecha _____

Encierra en un círculo grupos de 10. Escribe el número para mostrar la cantidad total de objetos.

1.

Hay _____ uvas.

2.

Hay _____ zanahorias.

3.

Hay _____ manzanas.

4.

Hay _____ cacahuetes.

5.

Hay _____ uvas.

6.

Hay _____ zanahorias.

7.

Hay _____ manzanas.

8.

Hay _____ cacahuetes.

Lección 1:   Comparar la eficacia de contar en unidades y contar en decenas.

5

Haz un vínculo numérico para mostrar decenas y unidades.

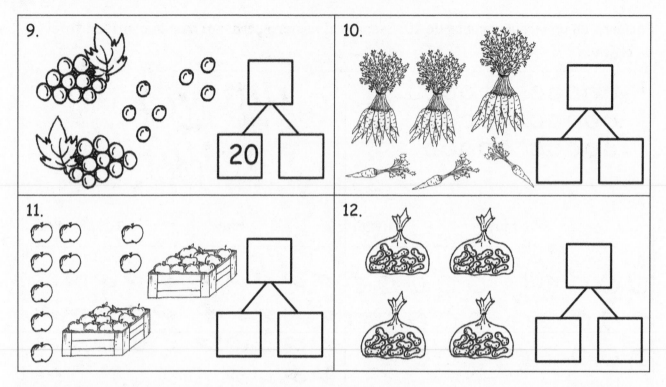

Haz un vínculo numérico para mostrar decenas y unidades. Encierra en un círculo las decenas para ayudar.

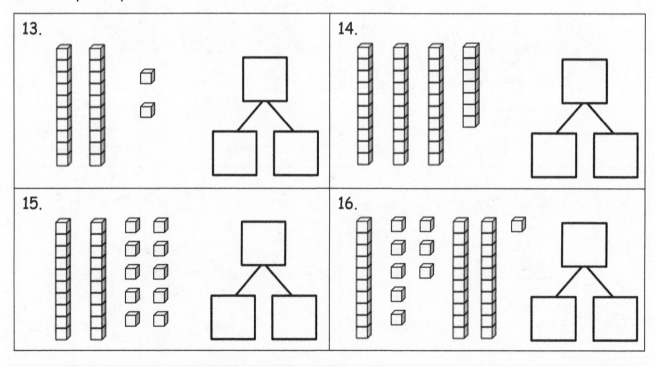

6   Lección 1:   Comparar la eficacia de contar en unidades y contar en decenas.

EUREKA
MATH

Nombre _____   Fecha _____

Completa los vínculos numéricos.

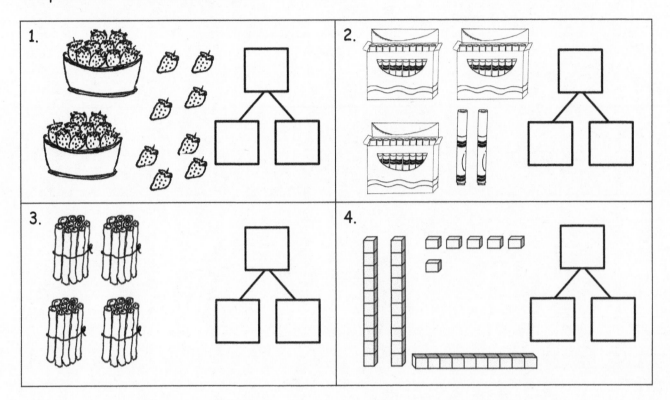

EUREKA MATH®

Lección 1:   Comparar la eficacia de contar en unidades y contar en decenas.

7

© 2019 Great Minds®. eureka-math.org

Lee

Ted tenía 4 cajas con 10 lápices en caja. ¿Cuántos lápices tiene en total?

Dibuja

Escribe

_____

_____

_____

  Lección 2:   Usar la tabla de valor posicional para registrar y nombrar decenas y
unidades dentro de un número de dos dígitos.   9

© 2019 Great Minds®. eureka-math.org

Nombre _____ Fecha _____

Escribe las decenas y unidades y di los números. Completa la afirmación.

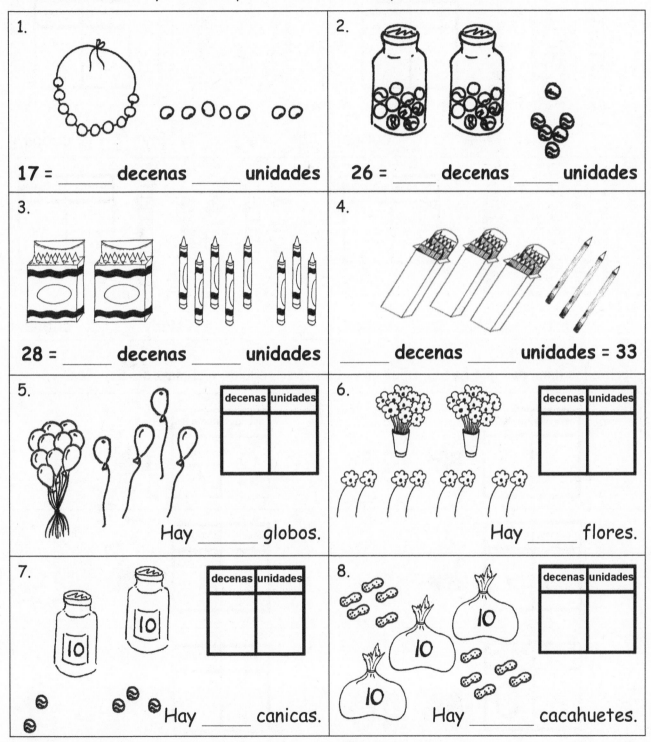

1.
17 = _____ decenas _____ unidades

2.
26 = _____ decenas _____ unidades

3.
28 = _____ decenas _____ unidades

4.
_____ decenas _____ unidades = 33

5.
decenas	unidades

Hay _____ globos.

6.
decenas	unidades

Hay _____ flores.

7.
decenas	unidades

Hay _____ canicas.

8.
decenas	unidades

Hay _____ cacahuetes.

Escribe las decenas y unidades. Completa la afirmación.

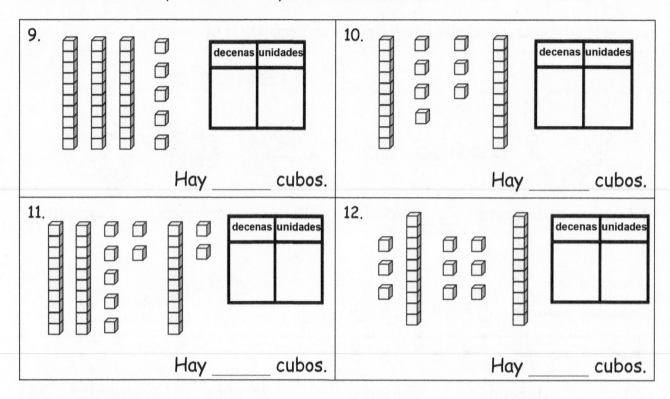

9.

decenas	unidades

Hay _____ cubos.

10.

decenas	unidades

Hay _____ cubos.

11.

decenas	unidades

Hay _____ cubos.

12.

decenas	unidades

Hay _____ cubos.

Escribe los números que faltan. Dilos con el método regular y el método *Say Ten*.

13.

decenas	unidades

➡ 35
_____

14.

decenas	unidades
2	7

➡
_____

15.

decenas	unidades
3	9

➡
_____

16.

decenas	unidades

➡ 29

17.

decenas	unidades
	0

➡ 40
_____

18.

decenas	unidades

➡ 9
_____

Lección 2:   Usar la tabla de valor posicional para registrar y nombrar decenas y unidades dentro de un número de dos dígitos.

EUREKA MATH

Nombre _____   Fecha _____

Relaciona la imagen con la tabla de valor posicional que muestra las decenas y unidades correctas.

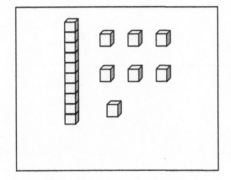

decenas	unidades
4	0

decenas	unidades
1	7

decenas	unidades
3	3

EUREKA
MATH®

Lección 2:   Usar la tabla de valor posicional para registrar y nombrar decenas y unidades dentro de un número de dos dígitos.

13

decenas	unidades

Tabla de valor posicional

Lección 2:   Usar la tabla de valor posicional para registrar y nombrar decenas y
unidades dentro de un número de dos dígitos.

15

© 2019 Great Minds®. eureka-math.org

Lee

Sue está escribiendo el número 34 en una tabla de valor posicional. Ella no puede recordar si tiene 4 decenas y 3 unidades o 3 decenas y 4 unidades. Usa una tabla de valor posicional para mostrar cuántas decenas y unidades hay en 34. Usa un dibujo y palabras para explicar esto a Sue.

Dibuja

Lección 3: Interpretar números de dos dígitos como decenas y algunas unidades o todos como unidades.

© 2019 Great Minds®. eureka-math.org

17

Escribe

_____

_____

_____

Lección 3: Interpretar números de dos dígitos como decenas y algunas unidades o todos como unidades.

© 2019 Great Minds®. eureka-math.org

EUREKA
MATH

Nombre _____   Fecha _____

Cuenta tantas decenas como puedan. Completa cada afirmación. Di los números y los enunciados.

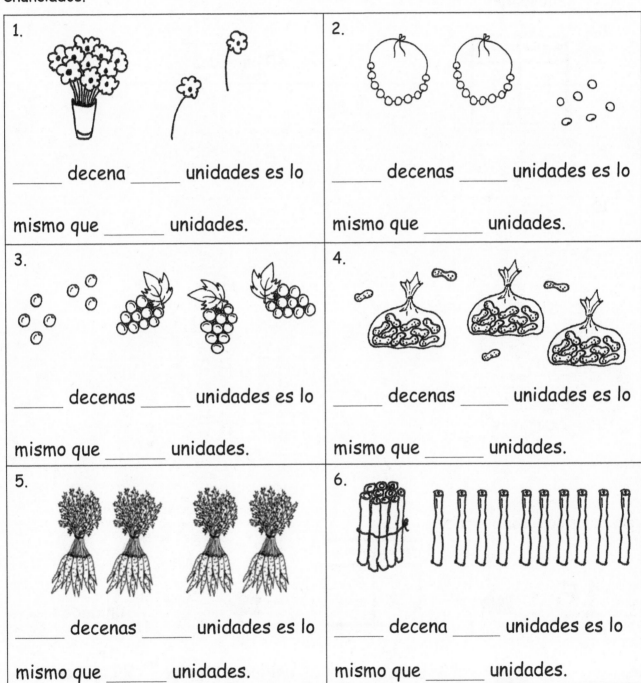

1.

_____ decena _____ unidades es lo

mismo que _____ unidades.

2.

_____ decenas _____ unidades es lo

mismo que _____ unidades.

3.

_____ decenas _____ unidades es lo

mismo que _____ unidades.

4.

_____ decenas _____ unidades es lo

mismo que _____ unidades.

5.

_____ decenas _____ unidades es lo

mismo que _____ unidades.

6.

_____ decena _____ unidades es lo

mismo que _____ unidades.

Lección 3:   Interpretar números de dos dígitos como decenas y algunas unidades o todos como unidades.

© 2019 Great Minds®. eureka-math.org

19

Relaciona.

7. | 3 decenas
2 unidades |

29 unidades

8.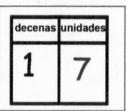

40 unidades

9. | 37 unidades |

23 unidades

10. | 4 decenas |

32 unidades

11.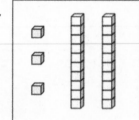

17 unidades

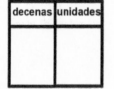

12. | 9 unidades
2 decenas |

Rellena los números que faltan.

13. **15** ➡ ➡ _____ unidades

14. _____ ➡ _____ decenas _____ unidades ➡ 39 unidades

Lección 3: Interpretar números de dos dígitos como decenas y algunas unidades o todos como unidades.

© 2019 Great Minds®. eureka-math.org

EUREKA
MATH

Nombre _____   Fecha _____

Cuenta tantas decenas como puedas. Completa cada afirmación. Di los números y los enunciados.

1.	2.
_____ decenas _____ unidades es lo mismo que _____ unidades.	_____ **decenas** _____ **unidades** es lo mismo que _____ **unidades.**

Rellena los números que faltan.

3. **27** ➡

decenas	unidades

➡ _____ unidades

Lee

Lisa tiene 3 cajas de 10 crayones y 5 crayones adicionales. Sally tiene 19 y dice que tiene más crayones pero Lisa no está de acuerdo.

¿Quién está en lo correcto?

Dibuja

    Lección 4:   Escribir e interpretar números de dos dígitos como enunciados de
suma que combinan decenas y unidades.

© 2019 Great Minds®. eureka-math.org

23

Escribe

_____

_____

_____

Lección 4:   Escribir e interpretar números de dos dígitos como enunciados de suma que combinan decenas y unidades.

© 2019 Great Minds®. eureka-math.org

EUREKA
MATH®

Nombre _____   Fecha _____

Rellena el vínculo numérico. Completa los enunciados.

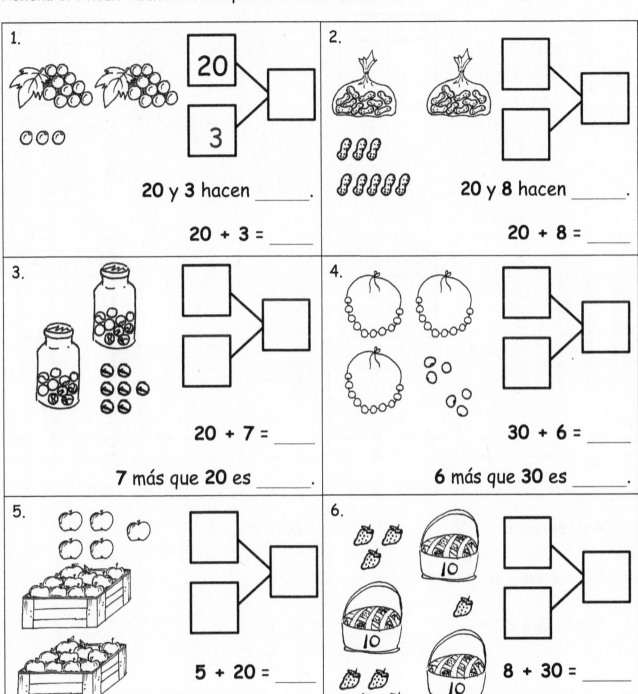

1.

20 y 3 hacen _____.

20 + 3 = _____

2.

20 y 8 hacen _____.

20 + 8 = _____

3.

20 + 7 = _____

7 más que 20 es _____.

4.

30 + 6 = _____

6 más que 30 es _____.

5.

5 + 20 = _____

20 más que 5 es _____.

6.

8 + 30 = _____

30 más que 8 es _____.

Lección 4:   Escribir e interpretar números de dos dígitos como enunciados de
suma que combinan decenas y unidades.

© 2019 Great Minds®. eureka-math.org

25

Escribe las decenas y unidades. Luego, escribe un enunciado de suma para agregar las decenas y unidades.

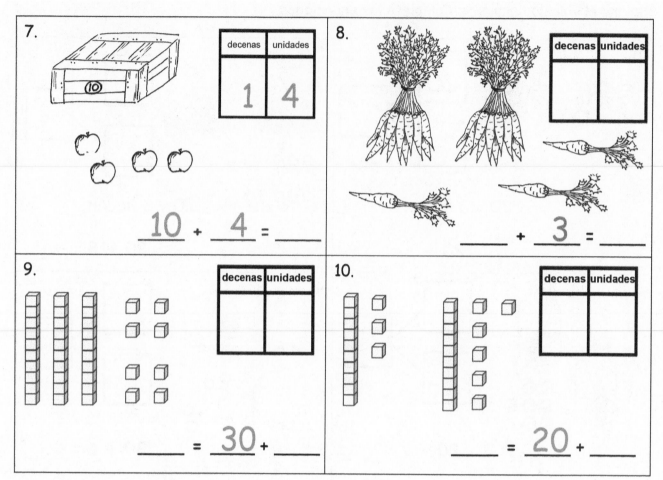

Relacionar.

11. 4 decenas •   • 20 + 7

12. 2 decenas 7 unidades •   • 40

13. 3 más que 20 •   • 20 + 3

14. 9 unidades 3 decenas •   • 2 + 30

15. 2 unidades 3 decenas •   • 9 + 30

Lección 4:   Escribir e interpretar números de dos dígitos como enunciados de suma que combinan decenas y unidades.

© 2019 Great Minds®. eureka-math.org

EUREKA MATH

Nombre _____   Fecha _____

Escribe las decenas y unidades. Luego, escribe un enunciado de suma para agregar a las decenas y unidades.

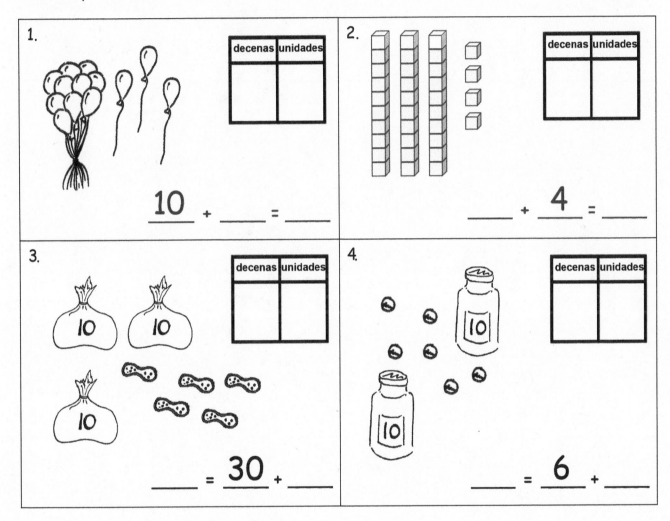

1.

decenas | unidades

$\underline{10}$ + ___ = ___

2.

decenas | unidades

___ + $\underline{4}$ = ___

3.

decenas | unidades

___ = $\underline{30}$ + ___

4.

decenas | unidades

___ = $\underline{6}$ + ___

EUREKA MATH

Lección 4:   Escribir e interpretar números de dos dígitos como enunciados de suma que combinan decenas y unidades.

© 2019 Great Minds®. eureka-math.org

27

Lee

Lee tiene 4 lápices y compra 10 más. Kiana tiene 17 lápices y pierde 10 de ellos. ¿Quién tiene más lápices ahora? Usa dibujos, palabras y enunciados numéricos para explicar tu razonamiento.

Dibuja

Lección 5:   Identificar 10 más, 10 menos, 1 más y 1 menos que un número de dos dígitos.

© 2019 Great Minds®. eureka-math.org

29

Escribe

_____

_____

_____

Lección 5: Identificar 10 más, 10 menos, 1 más y 1 menos que un número de dos dígitos.

EUREKA MATH

Nombre _____   Fecha _____

Escribe el número.

1.

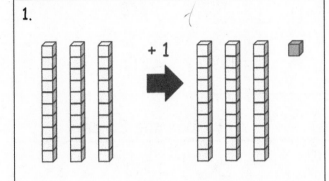

1 más que 30 es _____.

2.

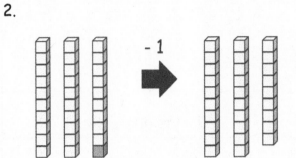

1 menos que 30 es _____.

3.

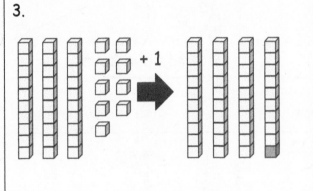

1 más que 39 es _____.

4.

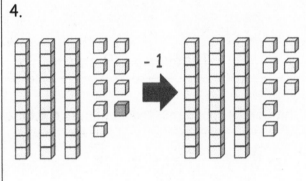

1 menos que 39 es _____.

5.

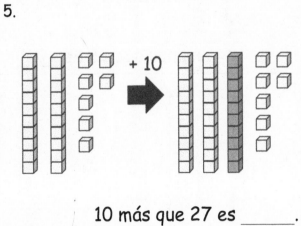

10 más que 27 es _____.

6.

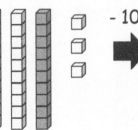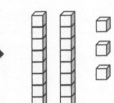

10 menos que 33 es _____.

EUREKA MATH®

Lección 5:   Identificar 10 más, 10 menos, 1 más y 1 menos que un número de dos dígitos.

© 2019 Great Minds®. eureka-math.org

31

Dibuja 1 más o 10 más. Puedes usar una decena rápida para mostrar 10 más.

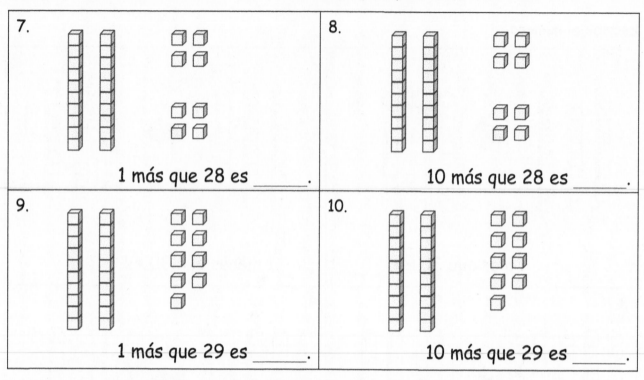

7. 1 más que 28 es _____.

8. 10 más que 28 es _____.

9. 1 más que 29 es _____.

10. 10 más que 29 es _____.

Tacha con (x) para mostrar 1 menos o 10 menos.

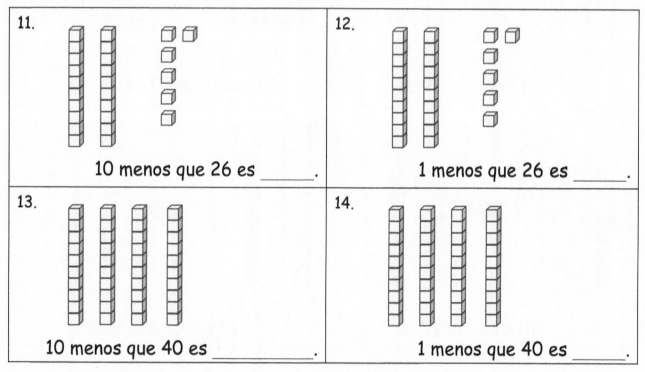

11. 10 menos que 26 es _____.

12. 1 menos que 26 es _____.

13. 10 menos que 40 es _____.

14. 1 menos que 40 es _____.

Lección 5:   Identificar 10 más, 10 menos, 1 más y 1 menos que un número de dos dígitos.

© 2019 Great Minds®. eureka-math.org

EUREKA MATH®

Nombre _____   Fecha _____

Dibuja 1 más o 10 más. Puedes usar una decena rápida para mostrar 10 más.

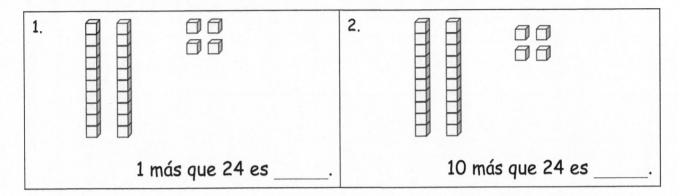

1. 1 más que 24 es _____.

2. 10 más que 24 es _____.

Tacha con (x) para mostrar 1 menos o 10 menos.

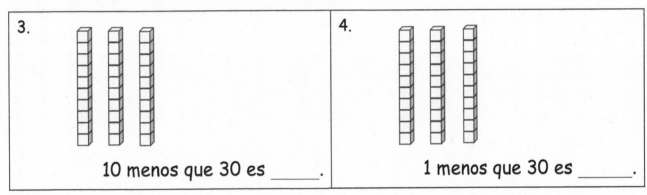

3. 10 menos que 30 es _____.

4. 1 menos que 30 es _____.

decenas	unidades	decenas	unidades

_____

tablas de valor posicional doble

Lección 5:   Identificar 10 más, 10 menos, 1 más y 1 menos que un número de dos dígitos.

© 2019 Great Minds®. eureka-math.org

35

Lee

Sheila tiene 3 bolsas con 10 pretzels en cada bolsa y 9 pretzels adicionales. Le da 1 bolsa a un amigo. ¿Cuántos pretzels tiene ahora?

Extensión: John tiene 19 pretzels. ¿Cuántos pretzels más necesita para tener la misma cantidad que tiene Sheila ahora?

Dibuja

Lección 6:   Usar monedas de 10 centavos y de 1 centavo como representaciones
de decenas y unidades.

© 2019 Great Minds®. eureka-math.org

37

Escribe

_____

_____

_____

Lección 6:   Usar monedas de 10 centavos y de 1 centavo como representaciones
de decenas y unidades.

EUREKA
MATH®

Nombre _____   Fecha _____

Rellena la tabla de valor posicional y los espacios en blanco.

1.

decenas	unidades

20 = _____ decenas

2.

decenas	unidades

14 = _____ decena y _____ unidades

3.

monedas de 10 centavos	monedas de 1 centavo

_____ = 3 decenas 5 unidades

4.

monedas de 10 centavos	monedas de 1 centavo

_____ = 2 decenas 6 unidades

5.

monedas de 10 centavos	monedas de 1 centavo

_____ = _____ decenas _____ unidades

6.

monedas de 10 centavos	monedas de 1 centavo

_____ = _____ decenas _____ unidades

7.

monedas de 10 centavos	monedas de 1 centavo

_____ = _____ decenas _____ unidades

8.

monedas de 10 centavos	monedas de 1 centavo

_____ decenas _____ unidades = _____

Lección 6:   Usar monedas de 10 centavos y de 1 centavo como representaciones
de decenas y unidades.

© 2019 Great Minds®. eureka-math.org

Llena el espacio en blanco. Dibuja o tacha decenas o unidades
según sea necesario.

10 más que 25 es __35__.

9. 1 más que 15 es _____.	**10.** 10 más que 5 es _____.
11. 10 más que 30 es _____.	**12.** 1 más que 30 es _____.
13. 1 menos que 24 es _____.	**14.** 10 menos que 24 es _____.
15. 10 menos que 21 es _____.	**16.** 1 menos que 21 es _____.

Nombre _____   Fecha _____

Llena el espacio en blanco. Dibuja o tacha decenas o unidades según sea necesario.

1.

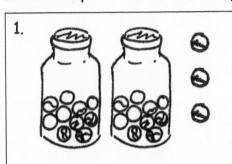

10 más que 23 es _____.

2.

1 más que 13 es _____.

3.

10 menos que 31 es _____.

4.

1 menos que 14 es _____.

EUREKA MATH

Lección 6:   Usar monedas de 10 centavos y de 1 centavo como representaciones de decenas y unidades.

© 2019 Great Minds®. eureka-math.org

41

monedas de 10 centavos	monedas de 1 centavo

decenas	unidades

moneda y tablas de valor posicional

Lección 6:   Usar monedas de 10 centavos y de 1 centavo como representaciones de decenas y unidades.

© 2019 Great Minds®. eureka-math.org

43

Lee

Benny tiene 4 monedas de 10 centavos. Marcus tiene 4 monedas de 1 centavo. Benny dice, "¡Tenemos la misma cantidad de dinero!". ¿Está en lo correcto? Usa dibujos o palabras para explicar tu razonamiento.

Dibuja

Lección 7: Comparar dos cantidades e identificar el mayor o el menor de dos números determinados.

© 2019 Great Minds®. eureka-math.org

45

Escribe

_____

_____

_____

Lección 7: Comparar dos cantidades e identificar el mayor o el menor de dos números determinados.

© 2019 Great Minds®. eureka-math.org

EUREKA MATH

Nombre _____   Fecha _____

Por cada par, escribe el número de objetos en cada conjunto. Luego, encierra en un círculo con el número *mayor* de elementos.

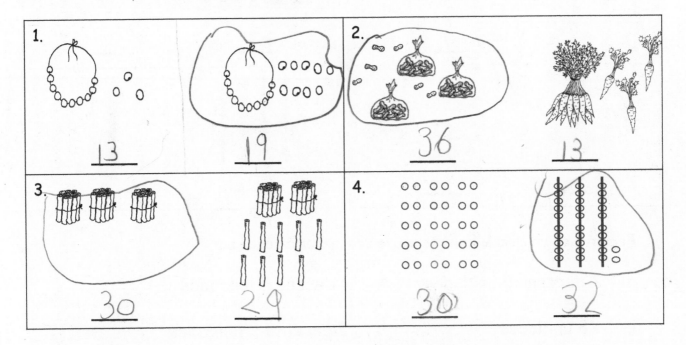

1.

13   19

2.

36   13

3.

30   29

4.

30   32

5. Encierra en un círculo el número que sea *mayor* en cada par.

   12

a.   1 decena 2 unidades   32 3 decenas 2 unidades

   28

b.   2 decenas 8 unidades   3 decenas 2 unidades

c.   (19)   15

d.   (31)   26

6. Encierra en un círculo el conjunto de monedas que tiene un valor *mayor*.

3 monedas de 10 centavos   3 monedas de un centavo

Lección 7:   Comparar dos cantidades e identificar el mayor o el menor de dos números determinados.

Por cada par, escribe el número de elementos en cada conjunto. Encierra en un círculo el conjunto con *menos* elementos.

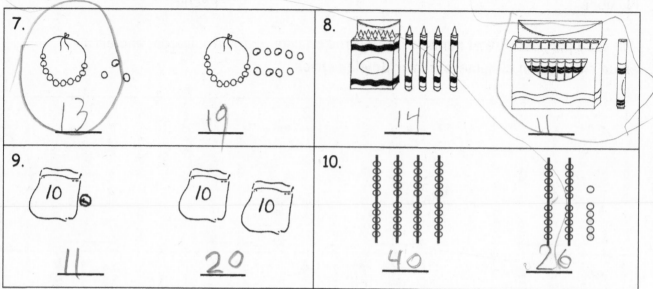

7.   13   19

8.   14   11

9.   11   20

10.   40   26

11. Encierra en un círculo el número que sea *menor* en cada par

a.   2 decenas 5 unidades   1 decena 5 unidades

b.   28 unidades   3 decenas 2 unidades

c.   (18)   13

d.   (31)   26

12. Encierra en un círculo el conjunto de monedas que tiene *menos* valor.

1 moneda de 10 centavos   2 monedas de 1

13. Encierra en un círculo la cantidad que es *menor*. Dibuja o escribe para mostrar cómo lo sabes.

32   17

Comparar dos cantidades e identificar el mayor o el menor de dos números determinados.

EUREKA MATH®

Nombre _____ Fecha _____

1. Escribe el número de objetos en cada conjunto. Luego, encierra en un círculo el conjunto que sea *más grande* en número. Escribe una afirmación para comparar los dos conjuntos.

   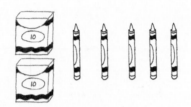

_____   _____

_____ es mayor que _____.

2. Escribe el número de objetos en cada conjunto. Luego, encierra en un círculo el conjunto que sea *menor* en número.

Di una afirmación para comparar los dos conjuntos.

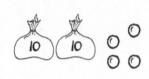   

_____   _____

_____ es menor que _____.

3. Encierra en un círculo el conjunto de monedas que tenga un valor mayor.

4. Encierra en un círculo el conjunto de monedas que tenga un valor menor.

Lee

Anton recogió 25 fresas. Recogió algunas fresas más. Luego, tenía 35 fresas.

a. Usa una tabla de valor posicional para mostrar cuántas fresas más recogió Anton.

b. Escribe una afirmación comparando las dos cantidades de fresas usando una de estas frases: *mayor que, menor que* o *igual a*.

Dibuja

Lección 8:   Comparar cantidades y números de izquierda a derecha.

© 2019 Great Minds®. eureka-math.org

51

Escribe

_____

_____

_____

Lección 8:   Comparar cantidades y números de izquierda a derecha.

EUREKA MATH

Nombre _____ R a m i r e z _____   Fecha _____

Banco de palabras

1. Dibuja decenas rápidas y unidades para mostrar cada número.
    Pon nombre al primer dibujo como menor que (L), mayor que (G),
    o igual a (E) el segundo. Escribe una frase del banco de
    palabras para comparar los números.

| es mayor que |
| es menor que |
| es igual a |

a.

20 g̲r̲e̲a̲t̲e̲r̲t̲h̲a̲n̲ 18

b.

2 decenas   3 decenas

2 decenas l̲e̲s̲s̲ ̲t̲h̲a̲n̲
3 decenas

c.

24   15

24 i̲s̲ ̲g̲r̲e̲a̲t̲e̲r̲ ̲t̲h̲a̲n̲ 15

d.

26   32

26 _____ 32

2. Escribe una frase del banco de palabras para comparar los números.

    36 _____ 3 decenas 6 unidades

    1 decena 8 unidades _____ 3 decenas 1 unidad

38 _____ 26

1 decena 7 unidades _____ 27

15 _____ 1 decena 2 unidades

30 _____ 28

29 _____ 32

3. Coloca los siguientes números en orden desde el *menor* hasta el *mayor*. Tacha cada número después de haberlo usado.

> 9   40   32   13   23

4. Coloca los siguientes números en orden desde el *mayor* hasta el *menor*. Tacha cada número después de haberlo usado.

> 9   40   32   13   23

5. Usa los dígitos 8, 3, 2 y 7 para hacer 4 números diferentes de dos dígitos menores a 40. Escríbelos en orden desde el *mayor* hasta el *menor*.

> 8, 3 2 7
>
> Ejemplos: 32, 27,...

Lección 8:   Comparar cantidades y números de izquierda a derecha.

EUREKA MATH®

Nombre _____   Fecha _____

1. Escribe los números en orden desde el *más grande* hasta el *más pequeño*.

```
┌─────────────────────────┐
│              40         │
│    39            29     │      ___  ___  ___  ___  ___
│          30             │
└─────────────────────────┘
```

2. Completa las estructuras de enunciado usando las frases del banco de palabras para comparar los dos números.

Banco de palabras

┌─────────────────┐
│ es mayor que   │
│ es menor que   │
│ es igual a   │
└─────────────────┘

a. 17 _____ 24

b. 23 _____ 2 decenas

    3 unidades

c. 29 _____ 20

Lee

Carl tiene una colección de piedras. Recolecta 10 piedras más. Ahora tiene 31 piedras. ¿Cuántas piedras tenía al principio?

a. Usa tablas de valor posicional para mostrar cuántas piedras tenía Carl al principio.

b. Escribe una afirmación comparando con cuántas piedras empezó y terminó Carl, usando una de las frases: *mayor que, menor que* o *igual a.*

Dibuja

Escribe

_____

_____

_____

Lección 9:   Usar los símbolos >, = y < para comparar cantidades y números.

EUREKA
MATH

Nombre _____ Fecha _____

1. Encierra en un círculo el caimán que se está comiendo el número *mayor*.

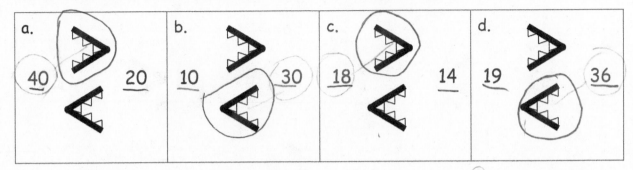

2. Escribe los números en los espacios en blanco de modo que el caimán esté comiendo el
    número mayor. Con un compañero, compara los números en voz alta, usando *es mayor
    que*, *es menor que* o *es igual a*. Recuerda comenzar con el número a la izquierda.

a.	b.	c.
24 4	38 36	15 14
24 > 4	36 < 38	14 < 15
d.	**e.**	**f.**
20 2	36 35	20 19
20 > 2	35 < 36	20 > 16
g.	**h.**	**i.**
31 13	23 32	21 12
31 > 13	23 < 32	12 < 21

3. Si el caimán se está comiendo el número *mayor*, enciérralo en un círculo. De lo contrario, dibuja de nuevo el caimán.

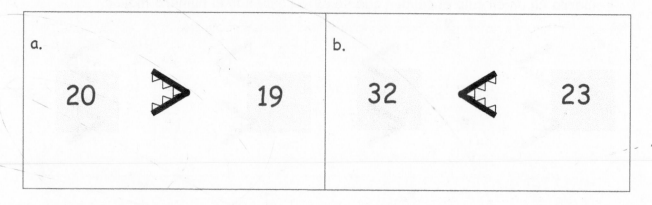

a. 20 > 19

b. 32 < 23

4. Completa las gráficas de modo que el caimán se esté comiendo un número *mayor*.

a.

decenas	unidades
1	2

>

decenas	unidades
1	

b.

decenas	unidades
2	7

>

decenas	unidades
2	

c.

decenas	unidades
2	5

>

decenas	unidades
	5

d.

decenas	unidades
	8

<

decenas	unidades
3	8

e.

decenas	unidades
2	1

>

decenas	unidades
	2

f.

decenas	unidades
2	4

<

decenas	unidades
	4

g.

decenas	unidades
1	8

>

decenas	unidades
	5

h.

decenas	unidades
2	1

>

decenas	unidades
	9

i.

decenas	unidades
	7

<

decenas	unidades
2	1

j.

decenas	unidades
1	4

>

decenas	unidades
	4

Lección 9:   Usar los símbolos >, = y < para comparar cantidades y números.

EUREKA MATH®

Nombre _____   Fecha _____

Escribe los números en los espacios en blanco de modo que el caimán esté comiendo el número mayor. Lee el enunciado numérico, usando *es mayor que*, *es menor que*, o *es igual a*. Recuerda comenzar con el número a la izquierda.

a. 12 10 ___ > ___	**b.** 22 24 ___ < ___	**c.** 17 25 ___ > ___
d. 13 3 ___ > ___	**e.** 27 28 ___ > ___	**f.** 30 21 ___ < ___
g. 12 21 ___ > ___	**h.** 31 13 ___ < ___	**i.** 32 23 ___ < ___

Lección 9:   Usar los símbolos >, = y < para comparar cantidades y números.

61

© 2019 Great Minds®. eureka-math.org

Lee

Elaine y Mike estaban recogiendo arándanos. Elaine tenía 19 arándanos y se comió 10. Mike tenía 13 y recogió 7 más. Compara los arándanos de Elaine y Mike después de que Elaine se comió algunos y Mike recogió algunos más.

   a. Usa palabras e imágenes para mostrar cuántos arándanos tiene cada persona.

   b. Usa el término *mayor que* o *menor que* en tu afirmación.

Dibuja

Lección 10: Usar los símbolos >, = y < para comparar cantidades y números.

63

© 2019 Great Minds®. eureka-math.org

Escribe

_____

_____

_____

Lección 10:   Usar los símbolos >, = y < para comparar cantidades y números.

EUREKA MATH®

Nombre _____   Fecha _____

1. Usa los símbolos para comparar los números. Llena el espacio en blanco con <, > o =
    para hacer que un enunciado numérico sea verdadero. Lee los enunciados numéricos
    de izquierda a derecha.

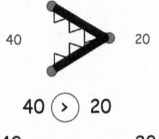

40 (>) 20

40 es mayor que 20.

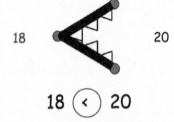

18 (<) 20

18 es menor que 20.

a.	b.	c.
27 ◯ 24	31 ◯ 28	10 ◯ 13
d.	e.	f.
13 ◯ 15	31 ◯ 29	38 ◯ 18
g.	h.	i.
27 ◯ 17	32 ◯ 21	12 ◯ 21

2. Encierra en un círculo las palabras correctas para hacer que el enunciado sea verdadero. Usa >, < o = y los números para escribir un enunciado numérico verdadero. El primer problema ya está resuelto.

a.
36

es mayor que
es menor que
(es igual a)

3 decenas
6 unidades

__36__ (=) __36__

b.
1 decena
4 unidades

es mayor que
es menor que
es igual a

179

____ ◯ ____

c.
2 decenas
4 unidades

es mayor que
es menor que
es igual a

34

____ ◯ ____

d.
20

es mayor que
es menor que
es igual a

2 decenas
0 unidades

____ ◯ ____

e.
31

es mayor que
es menor que
es igual a

13

____ ◯ ____

f.
12

es mayor que
es menor que
es igual a

21

____ ◯ ____

g.
17

es mayor que
es menor que
es igual a

3 unidades
1 decena

____ ◯ ____

h.
30

es mayor que
es menor que
es igual a

0 decenas
30 unidades

____ ◯ ____

Lección 10:   Usar los símbolos >, = y < para comparar cantidades y números.

EUREKA
MATH

Nombre _____   Fecha _____

Encierra en un círculo las palabras correctas para hacer que el enunciado sea verdadero. Usa >, < o = y los números para escribir un enunciado numérico verdadero.

a.	b.
29 es mayor que / es menor que / es igual a 2 decenas 6 unidades	1 decena 8 unidades es mayor que / es menor que / es igual a 19
___ ◯ ___	___ ◯ ___
c.	d.
2 decenas 9 unidades es mayor que / es menor que 40 / es igual a 40	39 es mayor que / es menor que / es igual a 4 decenas 0 unidades
___ ◯ ___	___ ◯ ___

Lee

Sharon tiene 3 monedas de 10 centavos y 1 moneda de un centavo. Mia tiene 1 moneda de diez centavos y 3 monedas de 1 centavo. ¿Quién tiene la cantidad de dinero de mayor valor?

Dibuja

Escribe

_____

_____

_____

Nombre Alan Ramirez   Fecha 6-1-2023

Completa los vínculos numéricos y los enunciados numéricos para que coincidan con la imagen. El primer problema ya está resuelto.

1.

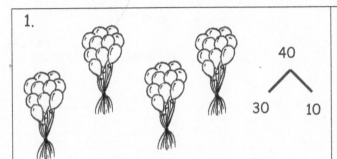

40
30   10

3 decenas + 1 decena = 4 decenas
30 + 10 = 40

2.

20
10   10

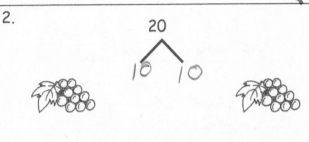

10 decena + 10 decena = 20 decenas

_____

3.

40
20   20

40 decenas = 20 decenas + 20 decenas

_____

4.

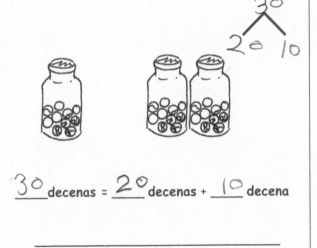

30
20   10

30 decenas = 20 decenas + 10 decena

_____

5.

_____ decenas - _____ decena = _____ decenas

_____

6.

_____ decenas- _____ decenas = _____ decenas

_____

7.

_____ decenas + _____ decena = _____ decenas

_____

8.

_____ decenas - _____ decena = _____ decenas

_____ + _____

9.

_____ decenas - _____ decenas = _____ decena

_____

10.

_____ decena - _____ decenas = _____ decena

_____

Lección 11:   Sumar y restar decenas de un múltiplo de 10.

EUREKA
MATH

11. Rellena los números que faltan. Relaciona las operaciones de suma y resta.

   a. 4 decenas – 2 decenas = _____   2 decenas + 1 decena = 3 decenas

   b. 40 – 30 = _____   30 + 10 = 40

   c. 30 – 20 = _____   20 + 20 = 40

12. Rellena los números que faltan.

   a. 20 + 20 = _____   b. 30 – 20 = _____   c. 10 + _____ = 40

   d. 20 – _____ = 0   e. 40 – _____ = 10   f. _____ + _____ = 30

Nombre _____   Fecha _____

Completa los vínculos numéricos y enunciados numéricos.

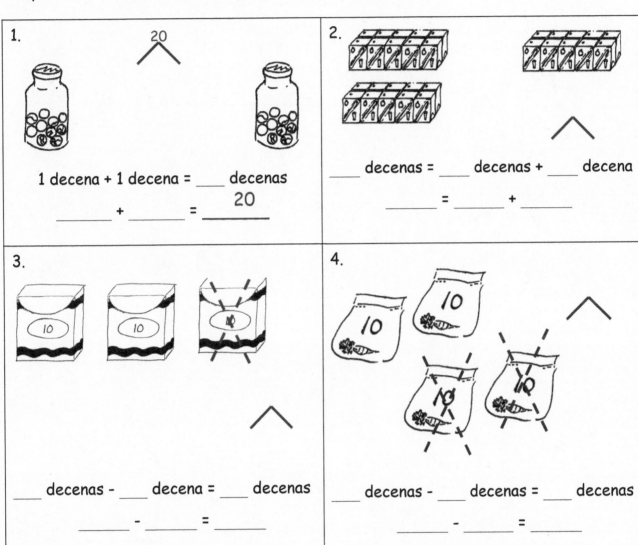

1.

20

1 decena + 1 decena = ___ decenas

20

_____ + _____ = _____

2.

___ decenas = ___ decenas + ___ decena

_____ = _____ + _____

3.

___ decenas - ___ decena = ___ decenas

_____ - _____ = _____

4.

___ decenas - ___ decenas = ___ decenas

_____ - _____ = _____

_____ ◯ _____ ___ ◯ _____

∧

_____

_____decenas ◯ _____decenas ◯ _____decenas

∧

_____

_____ ◯ _____ ◯ ____

∧

_____
conjunto de vínculos numéricos/enunciados numéricos

Lee

Thomas tiene una caja de sujetapapeles. Usó 10 de ellos para medir la longitud de su libro grande. Todavía hay 20 sujetapapeles en la caja. Usa la estrategia de flechas para mostrar cuántos sujetapapeles había en la caja al principio.

Dibuja

Escribe

_____

_____

_____

Lección 12:   Sumar decenas a un número de dos dígitos.

EUREKA MATH

Nombre _____   Fecha _____

Rellena los números que faltan para coincidir con la imagen. Escribe el vínculo numérico que coincide.

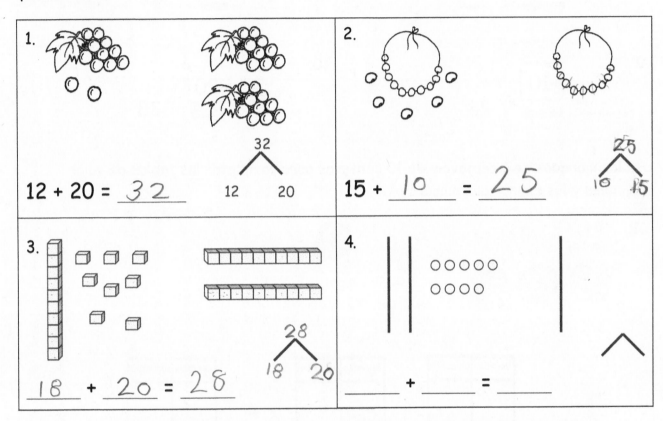

1.

$12 + 20 = 32$

        32
       / \
      12   20

2.

$15 + 10 = 25$

        25
       / \
      10   15

3.

$18 + 20 = 28$

        28
       / \
      18   20

4.

_____ + _____ = _____

Dibuja usando unidades y decenas rápidas. Completa el vínculo numérico y escribe la suma en la tabla de valor posicional y el enunciado numérico.

5.

$19 + 10 = $ _____

decenas	unidades

6.

$20 + 14 = $ _____

decenas	unidades

Use la notación de flecha para resolver.

7. 13 $\xrightarrow{+10}$ 23	8. 19 $\xrightarrow{+ +}$ 39
9. ___ $\xrightarrow{+10}$ 26	10. ___ $\xrightarrow{+20}$ 38

Usa las monedas de 1 centavo y de 10 centavos para completar las tablas de valor posicional y los enunciados numéricos.

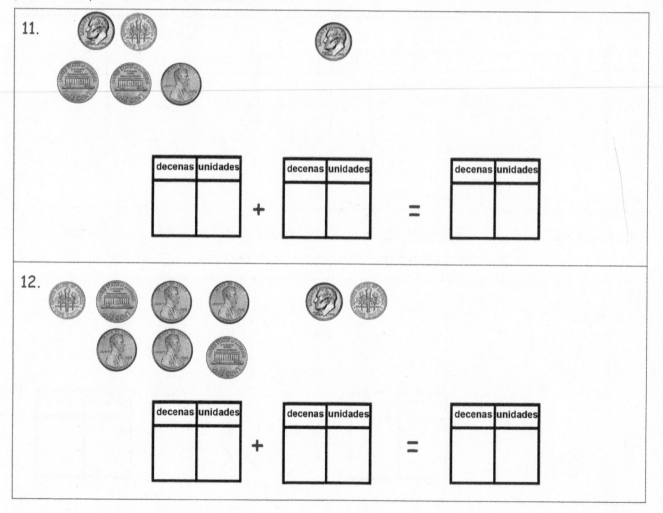

Lección 12:   Sumar decenas a un número de dos dígitos.

© 2019 Great Minds®. eureka-math.org

EUREKA
MATH

Nombre _____   Fecha _____

Completa los enunciados numéricos. Usa decenas rápidas, la estrategia de flechas o las monedas para mostrar tu razonamiento.

28 + 10 = _____

14 + 20 = _____

Usa los cubos entrelazables mientras lees, dibujas y escribes (LDE) para resolver los problemas.

Lee

a. Emi tenía un tren hecho de cubos entrelazables con 4 cubos azules y 2 cubos rojos. ¿Cuántos cubos había en su tren?

b. Emi hizo otro tren con 6 cubos amarillos y algunos cubos verdes. El tren estaba hecho de 9 cubos entrelazables. ¿Cuántos cubos verdes usó?

c. Emi desea convertir su tren de 9 cubos entrelazables en un tren de 15 cubos. ¿Cuántos cubos necesita Emi?

Dibuja

Lección 13: Usar el conteo a partir de y la estrategia de hacer diez, al sumar a través de una decena.

© 2019 Great Minds®. eureka-math.org

85

Escribe

_____

_____

_____

Lección 13:   Usar el conteo a partir de y la estrategia de hacer diez, al sumar a través de una decena.

EUREKA MATH

Nombre _____   Fecha _____

Usa las imágenes para completar la tabla de valor posicional y el enunciado numérico.
Para los Problemas 5 y 6, haz un dibujo de decena rápida para poder resolverlos.

1.

decenas	unidades

22 + 6 = _____

2.

decenas	unidades

_____ + 3 = _____

3.

decenas	unidades

12 + _____ = _____

4.

decenas	unidades

_____ + _____ = _____

5.

decenas	unidades

24 + 6 = _____

6.

decenas	unidades

24 + 3 = _____

Lección 13: Usar el conteo a partir de y la estrategia de hacer diez, al sumar a través
de una decena.

87

© 2019 Great Minds®. eureka-math.org

Dibuja decenas rápidas, unidades y vínculos numéricos para resolver. Completa la tabla de valor posicional.

7.

$21 + 9 =$ _____

decenas	unidades

8.

$21 + 7 =$ _____

decenas	unidades

9.

$13 + 7 =$ _____

decenas	unidades

10.

$26 + 4 =$ _____

decenas	unidades

11.

$32 + 3 =$ _____

decenas	unidades

12.

$38 + 2 =$ _____

decenas	unidades

Lección 13:   Usar el conteo a partir de y la estrategia de hacer diez, al sumar a través de una decena.

EUREKA MATH

Nombre _____ Fecha _____

Rellena la tabla de valor posicional y escribe un enunciado numérico para coincidir con la imagen.

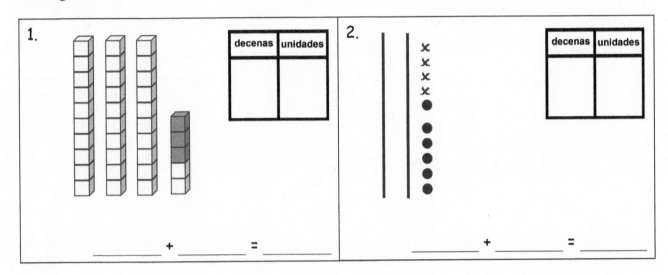

1.

decenas	unidades

_____ + _____ = _____

2.

decenas	unidades

_____ + _____ = _____

Dibuja decenas rápidas, unidades y vínculos numéricos para resolver. Completa la tabla de valor posicional.

3.

33 + 6 = _____

decenas	unidades

4.

23 + 7 = _____

decenas	unidades

EUREKA MATH®

Lección 13:   Usar el conteo a partir de y la estrategia de hacer diez, al sumar a través de una decena.

89

© 2019 Great Minds®. eureka-math.org

Usa cubos entrelazables y el proceso de LDE para resolver uno o más de los siguientes problemas.

Lee

a. Emi tenía un tren hecho con 7 cubos entrelazables. Ella agregó 4 cubos al tren. ¿Cuántos cubos hay en su tren de cubos entrelazables?

b. Emi hizo otro tren de cubos entrelazables. Ella comenzó con 7 cubos y agregó algunos cubos más hasta que su tren tenía una longitud de 9 cubos. ¿Cuántos cubos agregó Emi?

c. Emi hizo un tren más de cubos entrelazables. Está formado por 8 cubos entrelazables. Quitó algunos cubos y luego su tren tenía una longitud de 4 cubos entrelazables. ¿Cuántos cubos quitó Emi?

 Lección 14: Usar el conteo a partir de y la estrategia de hacer diez, al sumar a través de una decena.

© 2019 Great Minds®. eureka-math.org

91

Dibuja

Escribe

_____

_____

_____

Lección 14:   Usar el conteo a partir de y la estrategia de hacer diez, al sumar a través de una decena.

EUREKA MATH

Nombre _____   Fecha _____

Usa las imágenes o dibuja decenas rápidas y unidades. Completa el enunciado numérico y la tabla de valor posicional.

1.	2.	3.
18 + 1 = 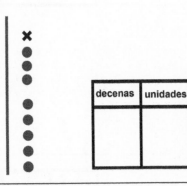 decenas | unidades	18 + 2 = _____ decenas | unidades	18 + 5 = _____ 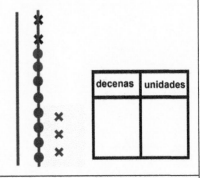 decenas | unidades
4. 29 + 1 = _____ decenas | unidades	5. 29 + 3 = _____ decenas | unidades	6. 29 + 6 = _____ decenas | unidades
7. 16 + 4 = _____ decenas | unidades	8. 16 + 6 = _____ decenas | unidades	9. 26 + 6 = _____ decenas | unidades

EUREKA MATH

Lección 14:   Usar el conteo a partir de y la estrategia de hacer diez, al sumar a través de una decena.

© 2019 Great Minds®. eureka-math.org

93

Haz un vínculo numérico para resolver. Muestra tu razonamiento con enunciados numéricos o la estrategia de flechas. Completa la tabla de valor posicional.

10.
$17 + 2 =$ _____

decenas	unidades

11.
$17 + 5 =$ _____

decenas	unidades

12.
$25 + 4 =$ _____

decenas	unidades

13.
$25 + 6 =$ _____

decenas	unidades

14.
$34 + 4 =$ _____

decenas	unidades

15.
$34 + 8 =$ _____

decenas	unidades

Lección 14:   Usar el conteo a partir de y la estrategia de hacer diez, al sumar a través de una decena.

EUREKA MATH

Nombre _____   Fecha _____

Dibuja decenas rápidas y unidades. Completa el enunciado numérico y la tabla de valor posicional.

1.	2.	3.
17 + 1 = _____	17 + 3 = _____	17 + 6 = _____
decenas | unidades	decenas | unidades	decenas | unidades

Haz un vínculo numérico para resolver. Muestra tu razonamiento con enunciados numéricos o la estrategia de flechas. Completa la tabla de valor posicional.

4.	5.
32 + 7 = _____ decenas | unidades	26 + 9 = _____ decenas | unidades

Usa el proceso LDE para resolver uno o más de los problemas.

Lee

a. Emi tenía un tren hecho con 6 cubos entrelazables. Agregó 3 cubos al tren. ¿Cuántos cubos hay en su tren de cubos entrelazables?

b. Emi hizo otro tren de cubos entrelazables. Ella comenzó con 7 cubos y agregó algunos cubos más hasta que su tren tenía una longitud de 12 cubos. ¿Cuántos cubos agregó Emi?

c. Emi hizo un tren más de cubos entrelazables. Estaba formado por 12 cubos entrelazables. Ella quitó algunos cubos y se convirtió en un tren de 4 cubos entrelazables de longitud. ¿Cuántos cubos quitó Emi?

Dibuja

Lección 15:   Usar sumas de un solo dígito para ayudar a resolver sumas análogas hasta 40.

© 2019 Great Minds®. eureka-math.org

97

Escribe

_____

_____

_____

Usar sumas de un solo dígito para ayudar a resolver sumas análogas hasta 40.

EUREKA
MATH

Nombre _____   Fecha _____

Resuelve los problemas.

1. 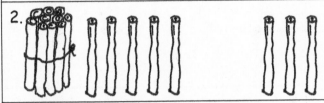 5 + 3 = _____

2. 15 + 3 = _____

3. 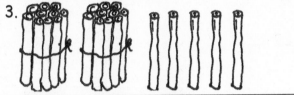 25 + 3 = _____

4. 35 + 3 = _____

5. 8 + 4 = _____

6. 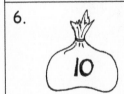 18 + 4 = _____

7.  28 + 4 = _____

EUREKA MATH®

Lección 15:   Usar sumas de un solo dígito para ayudar a resolver sumas análogas hasta 40.

99

© 2019 Great Minds®. eureka-math.org

8. Resuelve los problemas.

a. 6 + 2 = ____	b. 16 + 2 = ____	c. 26 + 2 = ____	d. 36 + 2 = ____
e. 6 + 4 = ____	f. 16 + 4 = ____	g. 26 + 4 = ____	h. 36 + 4 = ____
i. 9 + 2 = ____	j. 19 + 2 = ____	k. 29 + 2 = ____	
l. 8 + 6 = ____	m. 18 + 6 = ____	n. 28 + 6 = ____	

Resuelve los problemas. Muestra el enunciado de suma de 1 dígito que te ayudó a resolverlo.

9. 23 + 6 = ____ _____

10. 27 + 6 = ____ _____

Lección 15: Usar sumas de un solo dígito para ayudar a resolver sumas análogas hasta 40.

EUREKA MATH

Nombre _____ Fecha _____

1. Resuelve los problemas.

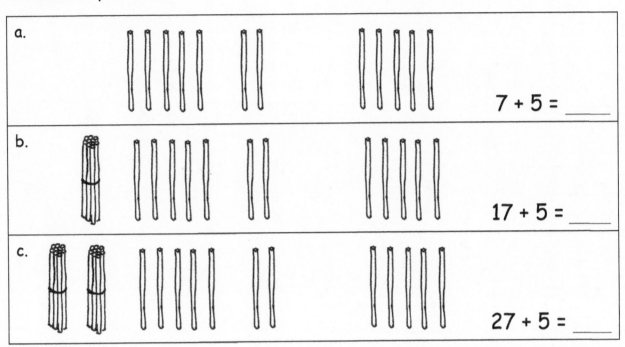

a. 7 + 5 = _____

b. 17 + 5 = _____

c. 27 + 5 = _____

Resuelve los problemas.

2. a. 5 + 3 = _____

    b. 15 + 3 = _____

    c. 25 + 3 = _____

    d. 35 + 3 = _____

3. a. 5 + 8 = _____

    b. 15 + 8 = _____

    c. 25 + 8 = _____

EUREKA MATH®

Lección 15: Usar sumas de un solo dígito para ayudar a resolver sumas análogas hasta 40.

101

Usa el proceso LDE para resolver uno o más de los problemas sin usar cubos entrelazables.

Lee

a. Emi tenía un tren de cubos entrelazables con 14 cubos azules y 2 cubos rojos. ¿Cuántos cubos había en su tren?

b. Emi hizo otro tren con 16 cubos amarillos y algunos cubos verdes. El tren estaba formado por 19 cubos entrelazables. ¿Cuántos cubos verdes usó?

c. Emi quiere hacer que su tren de 8 cubos entrelazables sea un tren de 17 cubos. ¿Cuántos cubos necesita Emi?

Dibuja

Escribe

_____

_____

_____

Sumar unidades y unidades o decenas y decenas.

EUREKA
MATH

Nombre _____   Fecha _____

Dibuja decenas rápidas y unidades para ayudar a resolver los problemas de suma.

1. 16 + 3 = ____	2. 17 + 3 = ____
3. 18 + 20 = ____	4. 31 + 8 = ____
5. 3 + 14 = ____	6. 6 + 30 = ____
7. 23 + 7 = ____	8. 17 + 3 = ____

Con un compañero, intenta resolver más problemas usando dibujos de decenas rápidas, vínculos numéricos o la estrategia de flechas.

9.   32 + 7 = _____

10.   13 + 20 = _____

11.   6 + 34 = _____

12.   4 + 36 = _____

13.   20 + 18 = _____

14.   14 + 20 = _____

15.   Dibuja monedas de 10 centavos y monedas de 1 centavo para ayudar a resolver problemas de suma.

a. 16 + 20 = _____	b. 22 + 7 = _____

106   Lección 16:   Sumar unidades y unidades o decenas y decenas.

© 2019 Great Minds®. eureka-math.org

EUREKA MATH

Nombre _____   Fecha _____

Resuelve usando dibujos de decenas rápidas para mostrar tu trabajo.

1. 24 + 5	2. 14 + 20

Dibuja vínculos numéricos para resolver.

3. 19 + 20	4. 36 + 3

5.   Dibuja monedas de 10 centavos y de 1 centavo para ayudar a resolver el problema de suma.

$$13 + 20$$

Usa el proceso LDE para resolver uno o más de los problemas.

Lee

a. Ben tenía 7 peces. Compró 4 peces en la tienda. ¿Cuántos peces tiene Ben?

b. María tiene 7 peces en su pecera esta mañana. Compró algunos peces más y ahora tiene 9. ¿Cuántos compró ella?

c. Anton tenía 8 peces. Algunos de ellos murieron y ahora Anton tiene 4 peces. ¿Cuántos peces murieron?

Dibuja

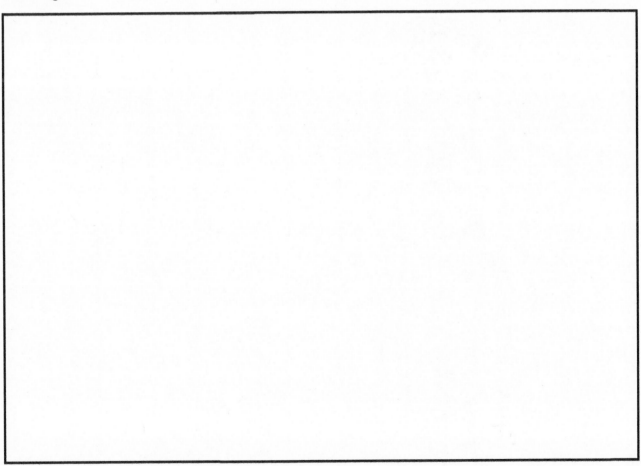

Escribe

_____

_____

_____

EUREKA MATH

Nombre _____   Fecha _____

Resuelve los problemas dibujando decenas rápidas y unidades o un vínculo numérico.

1. 25 + 1 = _____	2. 25 + 10 = _____
3. 15 + 4 = _____	4. 15 + 20 = _____
5. 16 + 7 = _____	6. 26 + 7 = _____
7. 23 + 7 = _____	8. 33 + 7 = _____

9. $\quad\quad 16 + 20 = \rule{1.5cm}{0.4pt}$	10. $\quad\quad 6 + 24 = \rule{1.5cm}{0.4pt}$

11. Intenta resolver más problemas con un compañero. Usa tu pizarra blanca individual para ayudar a resolver.

    a. 4 + 26

    b. 28 + 4

    c. 32 + 7

    d. 20 + 18

    e. 9 + 23

    f. 9 + 27

Elijan un problema que resolvieron dibujando decenas rápidas y prepárense para comentar.

Elijan un problema que resolvieron usando el vínculo numérico y prepárense para comentar.

Lección 17:   Sumar unidades y unidades o decenas y decenas.

EUREKA
MATH

Nombre _____   Fecha _____

Encuentra los totales usando dibujos de decenas rápidas o vínculos numéricos.

1. 17 + 8 = _____	2. 28 + 7 = _____
3. 24 + 10 = _____	4. 19 + 20 = _____

Usa el proceso LDE para resolver uno o ambos problemas.

Lee

a. Algunos patos estaban en un estanque. 4 patitos se les unieron. Ahora, hay 6 patos en el estanque. ¿Cuántos patos había en el estanque primero?

b. Había algunas ranas en el estanque. Tres saltaron fuera y ahora hay 5 ranas en el estanque. ¿Cuántas ranas había en el estanque primero?

Dibuja

Lección 18:   Compartir y criticar estrategias de los compañeros para sumar números de dos dígitos.

© 2019 Great Minds®. eureka-math.org

115

Escribe

_____

_____

_____

EUREKA MATH

Nombre _____   Fecha _____

1. A cada una de las soluciones le falta números o partes del dibujo. Fija cada una para que sea precisa y completa.

13 + 8 = 21

a.

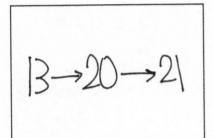

b.

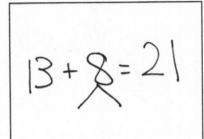

c.

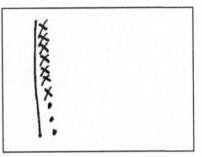

2. Encierra en un círculo el trabajo del estudiante que resuelve correctamente el problema de suma.

16 + 5

a.

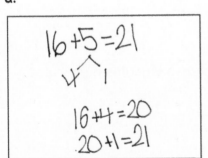

b.

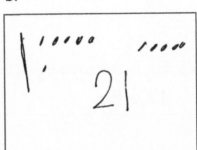

c.

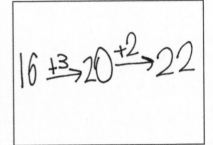

d. Arregla el trabajo que estaba incorrecto haciendo un nuevo trabajo en el siguiente espacio con el enunciado numérico que se relaciona.

EUREKA MATH®

Lección 18:   Compartir y criticar estrategias de los compañeros para sumar números de dos dígitos.

117

© 2019 Great Minds®. eureka-math.org

3. Encierra en un círculo el trabajo del estudiante que resuelve correctamente
   el problema de suma.

$$13 + 20$$

a.

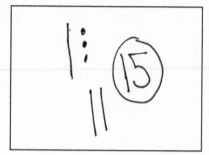

b.

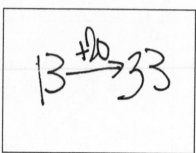

c.

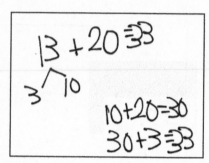

d. Arregla el trabajo que estaba incorrecto haciendo un nuevo dibujo en el siguiente
   espacio con el enunciado numérico que coincide.

4. Resuelve usando decenas rápidas, la estrategia de flechas o vínculos numéricos.

$$17 + 5 = \underline{\quad}$$

Comparte con tu compañero(a). Comenta por qué decidieron resolver de la forma
que lo hicieron.

Lección 18:   Compartir y criticar estrategias de los compañeros para sumar números
                      de dos dígitos.

EUREKA
MATH

Nombre _____   Fecha _____

Encierra en un círculo el trabajo del estudiante que resuelve correctamente
el problema de suma.

$$17 + 9$$

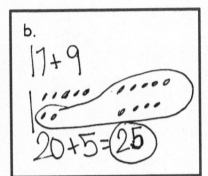

a. $17 + 9$
$3 \wedge 6$
$17 + 3 = 20$
$20 + 6 = 26$

b. $17 + 9$
$20 + 5 = \boxed{25}$

c. $17 + 9$
$17 \xrightarrow{+3} 20 \xrightarrow{+6} 26$

d. Arregla el trabajo que estaba incorrecto haciendo un nuevo dibujo en el siguiente
espacio con el enunciado numérico que coincide.

EUREKA MATH

Lección 18:   Compartir y criticar estrategias de los compañeros para sumar números
de dos dígitos.

119

© 2019 Great Minds®. eureka-math.org

Nombre _____   Fecha _____

<u>L</u>ee de nuevo el problema escrito.
<u>D</u>ibuja un diagrama de cinta y etiqueta.
<u>E</u>scribe un enunciado numérico y una afirmación que coincida
con la historia.

1. Lee vio 6 calabazas y 7 zapallos creciendo en su jardín. ¿Cuántos vegetales vio
    crecer en su jardín?

                                     Lee vio _____ vegetales.

2. Kiana capturó 6 lagartos. Su hermano capturó 6 serpientes. ¿Cuántos reptiles
    tienen en total?

                          Kiana y su hermano tienen _____ reptiles.

3. El equipo de Anton tiene 12 pelotas de soccer en el campo y 3 pelotas de soccer
    en la bolsa del entrenador. ¿Cuántas pelotas de soccer tiene el equipo de Anton?

                          El grupo de Anton tiene _____ pelotas de soccer.

4. Emi tenía 13 amigos que vinieron a cenar. 4 amigos más vinieron para el pastel. ¿Cuántos amigos vinieron a la casa de Emi?

Había _____ amigos.

5. 6 adultos y 12 niños estaban nadando en el lago. ¿Cuántas personas estaban nadando en el lago?

Había _____ personas nadando en el lago.

6. Rose tiene una vasija con 13 flores. Ella coloca 7 flores más en la vasija. ¿Cuántas flores hay en la vasija?

Hay _____ flores en la vasija.

Lección 19: Usar diagramas de cinta como representaciones para resolver problemas escritos de *juntar/separar con total desconocido* y *sumar con resultado desconocido*.
© 2019 Great Minds®. eureka-math.org

EUREKA MATH®

Nombre _____   Fecha _____

Lee el problema escrito.
Dibuja un diagrama de cinta y nombra.
Escribe un enunciado numérico y una afirmación que coincida
con la historia.

Peter contó 14 mariquitas en un jardín y Lee contó 6 mariquitas fuera del jardín.
¿Cuántas mariquitas contaron en total?

Ellos contaron _____ mariquitas.

Nombre _____   Fecha _____

Lee el problema escrito.
Dibuja un diagrama de cinta y etiqueta.
Escribe un enunciado numérico y una afirmación que
coincida con la historia.

1. 9 perros estaban jugando en el parque. Algunos perros más vinieron al parque.
    Luego, había 11 perros. ¿Cuántos perros más vinieron al parque?

_____ perros más vinieron al parque.

2. Había 16 fresas en una canasta para Peter y Julio. Peter se come 8 de ellas.
    ¿Cuántas hay para que se las coma Julio?

Julio tiene _____ fresas para comer.

3. 13 niños están en la montaña rusa. 3 adultos están en la montaña rusa. ¿Cuántas
    personas están en la montaña rusa?

Hay _____ personas en la montaña rusa.

Lección 20:   Reconocer y hacer uso de relaciones parte-total dentro de los diagramas
               de cinta al resolver distintos tipos de problemas.

125

4. 13 personas están ahora en la montaña rusa. 3 adultos están en la montaña rusa, y el resto son niños. ¿Cuántos niños hay en la montaña rusa?

Hay _____ niños en la montaña rusa.

5. Ben tiene 6 prácticas de béisbol en la mañana este mes. Si Ben también tiene 6 prácticas en la tarde, ¿cuántas prácticas de béisbol tiene Ben?

Ben tiene _____ prácticas de béisbol.

6. La pulsera de Tamra tenía algunas cuentas amarillas. Después de colocar 14 cuentas moradas en la pulsera, había 18 cuentas. ¿Cuántas cuentas amarillas tenía la pulsera de Tamra en primer lugar?

La pulsera de Tamra tenía _____ cuentas amarillas.

126   Lección 20:   Reconocer y hacer uso de relaciones parte-total dentro de los diagramas de cinta al resolver distintos tipos de problemas.

© 2019 Great Minds®. eureka-math.org

EUREKA MATH

Nombre _____   Fecha _____

Lee el problema escrito.

Dibuja un diagrama de cinta y etiqueta.

Escribe un enunciado numérico y una afirmación que coincida con la historia.

Había 6 tortugas en el estanque. Dad compró algunas tortugas más. Ahora, hay 12 tortugas. ¿Cuántas tortugas compró Dad?

Dad compró _____ tortugas.

Lección 20:   Reconocer y hacer uso de relaciones parte-total dentro de los diagramas de cinta al resolver distintos tipos de problemas.

© 2019 Great Minds®. eureka-math.org

127

Nombre _____   Fecha _____

Lee el problema escrito.
Dibuja un diagrama de cinta y etiqueta.
Escribe un enunciado numérico y una afirmación que
coincida con la historia.

1. Rose dibujó 7 imágenes, y Willie dibujó 11 imágenes. ¿Cuántas imágenes dibujaron
    en total?

                              Dibujaron _____ imágenes.

2. Darnel caminó 7 minutos a la casa de Lee. Luego, caminó hacia el parque. Darnel
    caminó un total de 18 minutos. ¿Cuántos minutos le tomó a Darnel llegar al parque?

                    A Darnel le tomó _____ minutos llegar al parque.

3. Emi tiene algunas carpas doradas. Tamra tiene 14 peces beta. Tamra y Emi tienen
    19 peces en total. ¿Cuántas carpas doradas tiene Emi?

                        Emi tiene _____ carpas doradas.

4. Shanika construyó una torre de bloques usando 14 bloques. Luego, agregó 4 bloques más a la torre. ¿Cuántos bloques hay en la torre ahora?

La torre está formada por _____ bloques.

5. La torre de Nikil tiene una altura de 15 bloques. Agregó algunos bloques más a su torre. Su torre tiene ahora una altura de 18 bloques. ¿Cuántos bloques agregó Nikil?

Nikil agregó _____ bloques.

6. Ben y Peter atraparon 17 renacuajos. Ellos dieron algunos a Anton. Les quedan 4 renacuajos. ¿Cuántos renacuajos le dieron ellos a Anton?

Ellos dieron _____ renacuajos a Anton.

Lección 21:   Reconocer y hacer uso de relaciones parte-total dentro de los diagramas de cinta al resolver distintos tipos de problemas.

© 2019 Great Minds®. eureka-math.org

EUREKA MATH®

Nombre _____   Fecha _____

Lee el problema escrito.
Dibuja un diagrama de cinta y etiqueta.
Escribe un enunciado numérico y una afirmación que
se relacione con la historia.

Shanika leyó algunas páginas el lunes. El martes, leyó 6 páginas. Leyó 13 páginas durante
los 2 días. ¿Cuántas páginas leyó el lunes?

Shanika leyó _____ páginas el lunes.

Lección 21:   Reconocer y hacer uso de relaciones parte-total dentro de los diagramas
              de cinta al resolver distintos tipos de problemas.

© 2019 Great Minds®. eureka-math.org

131

Nombre _____   Fecha _____

Usa los diagramas de cinta para escribir una variedad de problemas escritos. Usa el banco de palabras si hace falta. Recuerda etiquetar tu representación después de escribir la historia.

Temas (Sustantivos)		
Flores	carpas doradas	lagartos
adhesivos	cohetes	automóviles
ranas	galletas	canicas

Acciones (Verbos)		
esconder	comer	alejarse
dar	dibujar	obtener
recolectar	construir	jugar

1.

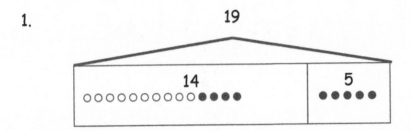

2.

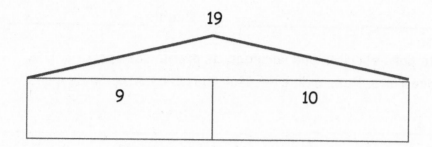

    Lección 22:   Escribir problemas escritos de diversos tipos.

EUREKA MATH

3.

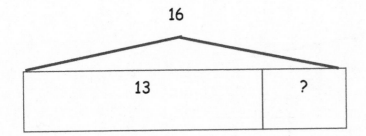

16

13   ?

4.

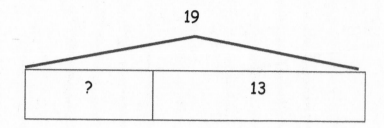

Escribir problemas escritos de diversos tipos.

EUREKA MATH

Nombre _____   Fecha _____

Encierra en un círculo 2 problemas razonados que coincidan con el diagrama de cinta.

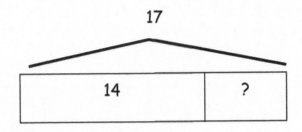

a. Había 14 hormigas sobre el mantel de picnic. Después, vinieron algunas hormigas más. Ahora, hay 17 hormigas sobre el mantel de picnic. ¿Cuántas hormigas vinieron?

b. 14 niños están en el patio de juego de una clase. Luego, 17 niños de otra clase vinieron al patio de juegos. ¿Cuántos niños hay en el patio de juegos ahora?

c. Había 17 uvas sobre el plato. Willie se comió 14 uvas. ¿Cuántas uvas hay ahora sobre el plato?

Lee

Kim recoge 10 lápices sueltos y los coloca en un vaso. Ben tiene 1 paquete de 10 lápices que agrega al vaso. ¿Cuántos lápices hay ahora en el vaso?

Dibuja

Escribe

_____

_____

_____

  Lección 23:   Interpretar números de dos dígitos como decenas y unidades, incluyendo casos con más de 9 unidades.

© 2019 Great Minds®. eureka-math.org

139

Nombre _____   Fecha _____

1. Llena los espacios en blanco y relaciona los pares que muestran la misma cantidad.

a.
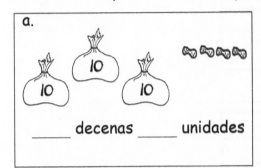
_____ decenas _____ unidades

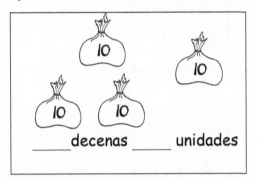
_____ decenas _____ unidades

b.
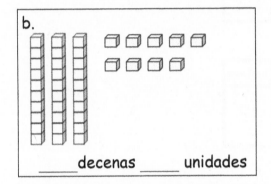
_____ decenas _____ unidades

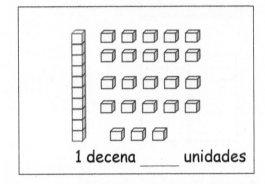
1 decena _____ unidades

c.
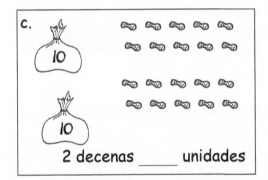
2 decenas _____ unidades

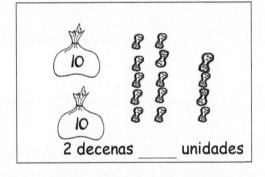
2 decenas _____ unidades

d.
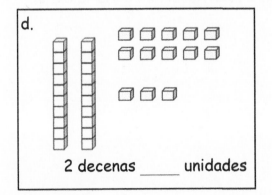
2 decenas _____ unidades

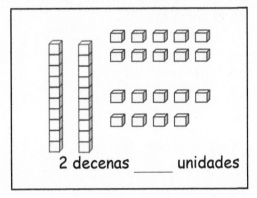
2 decenas _____ unidades

EUREKA MATH®

Lección 23:   Interpretar números de dos dígitos como decenas y unidades,
incluyendo casos con más de 9 unidades.

141

© 2019 Great Minds®. eureka-math.org

2. Relaciona las tablas de valor posicional que muestran la misma cantidad.

a.
decenas	unidades
2	2

decenas	unidades
3	6

b.
decenas	unidades
2	16

decenas	unidades
3	4

c.
decenas	unidades
2	14

decenas	unidades
1	12

3. Comprueba cada enunciado que sea verdadero.

☐ a. 27 es igual a 1 decena 17 unidades. ☐ b. 33 es igual a 2 decenas 23 unidades.

☐ c. 37 es igual a 2 decenas 17 unidades. ☐ d. 29 es igual a 1 decena 19 unidades.

4. Lee dice que 35 es igual a 2 decenas 15 unidades y María dice que 35 es igual a 1 decena 25 unidades. Dibuja decenas rápidas para mostrar si Lee o María están en lo correcto.

Lección 23:   Interpretar números de dos dígitos como decenas y unidades,
                          incluyendo casos con más de 9 unidades.

EUREKA
MATH

Nombre _____   Fecha _____

1. Relaciona las tablas de valor posicional que muestran la misma cantidad.

   a.
decenas	unidades
2	12

decenas	unidades
2	16

   b.
decenas	unidades
2	8

decenas	unidades
1	18

   c.
decenas	unidades
3	6

decenas	unidades
3	2

2. Tamra dice que 24 es igual a 1 decena 14 unidades y William dice que 4 es igual a 2 decenas 14 unidades. Dibuja decenas rápidas para mostrar si Tamra o Willie están en lo correcto.

Lección 23:   Interpretar números de dos dígitos como decenas y unidades, incluyendo casos con más de 9 unidades.

143

Lee

Un perro esconde 11 huesos detrás de su caseta. Posteriormente, su dueño le da 5 huesos más. ¿Cuántos huesos tiene el perro ahora?

Extensión: todos los huesos son marrones o blancos. Existe el mismo número de huesos marrones que de huesos blancos. ¿Cuántos huesos marrones tiene el perro?

Dibuja

Lección 24:   Sumar un par de números de dos dígitos cuando los dígitos de unidades tengan una suma menor que o igual a 10.

© 2019 Great Minds®. eureka-math.org

145

Escribe

_____

_____

_____

   Lección 24:   Sumar un par de números de dos dígitos cuando los dígitos de unidades tengan una suma menor que o igual a 10.

EUREKA
MATH®

Nombre _____   Fecha _____

1. Resuelve usando vínculos numéricos. Escribe los dos enunciados numéricos que muestran que agregaste la decena primero. Dibuja decenas rápidas y unidades si eso te ayuda.

a.

$14 + 13 =$ ____

10   3

$14 + 10 = 24$

$24 + 3 = 27$

b.

$13 + 24 =$ ____

10   3

$24 + 10 =$ ____

____ $+ 3 =$ ____

c.

$16 + 13 =$ ____

10   3

$16 + 10 =$ ____

____ $+ 3 =$ ____

d.

$13 + 26 =$ ____

10   3

$26 + 10 =$ ____

____ $+$ ____ $=$ ____

e.

$15 + 15 =$ ____

10   5

____ $+$ ____ $=$ ____

____ $+$ ____ $=$ ____

f.

$15 + 25 =$ ____

____ $+$ ____ $=$ ____

____ $+$ ____ $=$ ____

EUREKA MATH   Lección 24:   Sumar un par de números de dos dígitos cuando los dígitos de   **147**
unidades tengan una suma menor que o igual a 10.

© 2019 Great Minds®. eureka-math.org

2. Resuelve usando vínculos numéricos o la estrategia de flechas. La Parte (a) ha sido iniciada para ti.

a. $15 + 13 = \underline{\quad}$ 10 3	b. $14 + 23 = \underline{\quad}$
c. $16 + 14 = \underline{\quad}$	d. $14 + 26 = \underline{\quad}$
e. $21 + 17 = \underline{\quad}$	f. $17 + 23 = \underline{\quad}$
g. $21 + 18 = \underline{\quad}$	h. $18 + 12 = \underline{\quad}$

Lección 24: Sumar un par de números de dos dígitos cuando los dígitos de unidades tengan una suma menor que o igual a 10.

© 2019 Great Minds®. eureka-math.org

EUREKA MATH

Nombre _____   Fecha _____

Resuelve usando vínculos numéricos. Escribe los dos enunciados numéricos que muestran que sumaron la decena primero.

1.   13 + 26 = _____

    ⌃

    _____ + _____ = _____

    _____ + _____ = _____

2.   19 + 21 = _____

    ⌃

    _____ + _____ = _____

    _____ + _____ = _____

Lección 24:   Sumar un par de números de dos dígitos cuando los dígitos de
unidades tengan una suma menor que o igual a 10.

© 2019 Great Minds®. eureka-math.org

149

Lee

Una ardilla listada esconde bellotas debajo de un árbol. Posteriormente, da 5 de las bellotas a su amigo. ¿Cuántas bellotas tiene la ardilla listada?

Extensión: una ardilla tiene el doble de bellotas que la ardilla listada tenía al comienzo. ¿Cuántas bellotas tiene la ardilla?

Dibuja

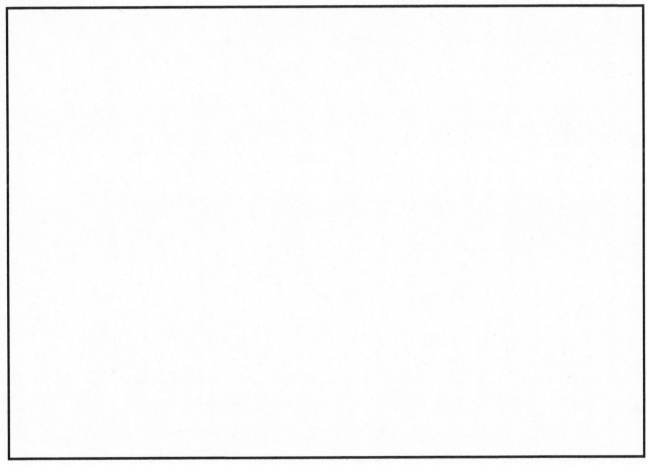

Lección 25:   Sumar un par de números de dos dígitos cuando los dígitos de unidades tengan una suma menor que o igual a 10.

© 2019 Great Minds®. eureka-math.org

151

Escribe

_____

_____

_____

Sumar un par de números de dos dígitos cuando los dígitos de unidades tengan una suma menor que o igual a 10.

EUREKA
MATH

Nombre _____   Fecha _____

1. Resuelve usando vínculos numéricos. Esta vez, agrega primero las decenas. Escribe los 2 enunciados numéricos para mostrar lo que hiciste bien.

a. $11 + 14 =$ ____	b. $21 + 14 =$ ____
c. $14 + 15 =$ ____	d. $26 + 14 =$ ____
e. $26 + 13 =$ ____	f. $13 + 24 =$ ____

Lección 25:   Sumar un par de números de dos dígitos cuando los dígitos de
              unidades tengan una suma menor que o igual a 10.

© 2019 Great Minds®. eureka-math.org

153

2. Resuelve usando vínculos numéricos. Esta vez, agrega las unidades primero. Escribe los 2 enunciados numéricos para mostrar lo que hiciste.

a. 29 + 11 = _____	b. 17 + 13 = _____
c. 14 + 16 = _____	d. 26 + 13 = _____
e. 28 + 11 = _____	f. 12 + 27 = _____
g. 18 + 12 = _____	h. 22 + 18 = _____

Lección 25:   Sumar un par de números de dos dígitos cuando los dígitos de unidades tengan una suma menor que o igual a 10.

© 2019 Great Minds®. eureka-math.org

EUREKA
MATH®

Nombre _____   Fecha _____

Resuelve usando vínculos numéricos. Escribe los 2 enunciados numéricos para mostrar lo que hiciste.

a. 12 + 27 = _____	b. 21 + 29 = _____

Lección 25:   Sumar un par de números de dos dígitos cuando los dígitos de
unidades tengan una suma menor que o igual a 10.

© 2019 Great Minds®. eureka-math.org

155

Lee

Nevó 7 días en febrero y el mismo número de días en marzo. ¿Cuántos días nevó en esos 2 meses?

Extensión: nevó 3 días en enero, ¿cuántos días nevó en los 3 meses?, ¿cuántos días más nevó en febrero que en enero?

Dibuja

Lección 26:   Sumar un par de números de dos dígitos cuando los dígitos de
              unidades tengan una suma mayor que 10.

© 2019 Great Minds®. eureka-math.org

157

Escribe

_____

_____

_____

Sumar un par de números de dos dígitos cuando los dígitos de unidades tengan una suma mayor que 10.

EUREKA MATH

Nombre _____ Fecha _____

1. Resuelve usando un vínculo numérico para sumar las decenas primero. Escribe los 2 enunciados numéricos que te ayudaron.

a.
$18 + 14 =$ _____

10   4

$18 + 10 = 28$

$28 + 4 = 32$

b.
$14 + 17 =$ _____

10   4

$17 + 10 = 27$

$27 + 4 = 31$

c.
$19 + 15 =$ _____

10   5

$19 + 10 =$ _____

_____ $+ 5 =$ _____

d.
$18 + 15 =$ _____

10   5

$18 + 10 =$ _____

_____ $+ 5 =$ _____

e.
$19 + 13 =$ _____

10   3

$19 + 10 =$ _____

_____ $+$ _____ $=$ _____

f.
$19 + 16 =$ _____

10   6

$19 + 10 =$ _____

_____ $+$ _____ $=$ _____

EUREKA MATH

Lección 26:   Sumar un par de números de dos dígitos cuando los dígitos de unidades tengan una suma mayor que 10.

159

© 2019 Great Minds®. eureka-math.org

2. Resuelve usando un vínculo numérico para hacer una decena primero. Escribe los 2 enunciados numéricos que te ayudaron.

a.
19 + 14 = _____

⋀
1   13

19 + 1 = 20

20 + 13 = 33

b.
18 + 13 = _____

⋀
2   11

18 + 2 = 20

20 + 11 = 31

c.
18 + 14 = _____

⋀
2   12

18 + 2 = _____

20 + 12 = _____

d.
18 + 16 = _____

⋀
2   14

18 + 2 = _____

_____ + 14 = _____

e.
15 + 17 = _____

⋀
12   3

_____ + 3 = _____

_____ + 12 = _____

f.
17 + 18 = _____

⋀
15   2

_____ + _____ = _____

_____ + _____ = _____

Lección 26:   Sumar un par de números de dos dígitos cuando los dígitos de unidades tengan una suma mayor que 10.

© 2019 Great Minds®. eureka-math.org

EUREKA MATH®

Nombre _____   Fecha _____

1. Resuelve usando vínculos numéricos para sumar las decenas primero. Escribe los 2 enunciados numéricos que te ayudaron.

a.   15 + 19 = _____
      ∧

____ + ____ = ____

____ + ____ = ____

b.   19 + 17 = _____
      ∧

____ + ____ = ____

____ + ____ = ____

2. Resuelve usando vínculos numéricos para hacer una decena primero. Escribe los 2 enunciados numéricos que te ayudaron.

a.   15 + 19 = _____
      ∧

____ + ____ = ____

____ + ____ = ____

b.   19 + 17 = _____
      ∧

____ + ____ = ____

____ + ____ = ____

EUREKA MATH®   Lección 26:   Sumar un par de números de dos dígitos cuando los dígitos de unidades tengan una suma mayor que 10.   161

© 2019 Great Minds®. eureka-math.org

Lee

Durante el invierno, nevó durante 14 días diferentes. Algunos días, tuvimos que quedarnos en casa. Tuvimos que ir a la escuela durante 9 de los días nevados. ¿Cuántos días tuvimos que quedarnos en casa?

Extensión: ¿cuántos días más nevó cuando estábamos en la escuela comparado con cuando estábamos en casa?

Dibuja

Lección 27:   Sumar un par de números de dos dígitos cuando los dígitos de
                unidades tengan una suma mayor que 10.

© 2019 Great Minds®. eureka-math.org

163

Escribe

_____

_____

_____

Sumar un par de números de dos dígitos cuando los dígitos de
unidades tengan una suma mayor que 10.

EUREKA
MATH

Nombre _____   Fecha _____

1. Resuelve usando vínculos numéricos con pares de enunciados numéricos. Puedes dibujar decenas rápidas y algunas unidades para ayudarte.

a. 19 + 12 = ____	b. 18 + 12 = ____
c. 19 + 13 = ____	d. 18 + 14 = ____
e. 17 + 14 = ____	f. 17 + 17 = ____
g. 18 + 17 = ____	h. 18 + 19 = ____

Lección 27:   Sumar un par de números de dos dígitos cuando los dígitos de unidades tengan una suma mayor que 10.

© 2019 Great Minds®. eureka-math.org

165

2. Resuelve. Puedes dibujar decenas rápidas y algunas unidades para ayudarte.

a. 19 + 12 = ____	b. 18 + 13 = ____
c. 19 + 13 = ____	d. 18 + 15 = ____
e. 19 + 16 = ____	f. 15 + 17 = ____
g. 19 + 19 = ____	h. 18 + 18 = ____

Lección 27:   Sumar un par de números de dos dígitos cuando los dígitos de
                unidades tengan una suma mayor que 10.

EUREKA
MATH

Nombre _____   Fecha _____

Resuelve usando vínculos numéricos con pares de enunciados numéricos. Puedes dibujar decenas rápidas y algunas unidades para ayudarte.

a. $16 + 15 =$ ____	b. $17 + 13 =$ ____
a. $16 + 16 =$ ____	b. $17 + 15 =$ ____

 EUREKA MATH®

Lección 27:   Sumar un par de números de dos dígitos cuando los dígitos de unidades tengan una suma mayor que 10.

© 2019 Great Minds®. eureka-math.org

167

Lee

Anton tenía algunos crayones en su escritorio. Le dio a su maestro 2 más.

Cuando contó sus crayones, tenía 16 crayones. ¿Cuántos crayones tenía

Anton en su escritorio originalmente?

Dibuja

Lección 28:   Sumar un par de números de dos dígitos con diversas sumas en las
unidades.

© 2019 Great Minds®. eureka-math.org

169

Escribe

_____

_____

_____

Lección 28: Sumar un par de números de dos dígitos con diversas sumas en las unidades.

© 2019 Great Minds®. eureka-math.org

EUREKA MATH

Nombre _____   Fecha _____

1. Resuelve usando dibujos de decenas rápidas, vínculos numéricos o la estrategia de flechas. Marca el rectángulo si hiciste una nueva decena.

a. 23 + 12 = _____

b. 15 + 15 = _____

c. 19 + 21 = _____

d. 17 + 12 = _____

e. 27 + 13 = _____

f. 17 + 16 = _____

Lección 28:   Sumar un par de números de dos dígitos con diversas sumas en las unidades.

171

2. Resuelve usando dibujos de decenas rápidas, vínculos numéricos o la estrategia de flechas.

a. 15 + 13 = _____	b. 25 + 13 = _____
c. 24 + 14 = _____	d. 25 + 15 = _____
e. 18 + 14 = _____	f. 18 + 18 = _____
g. 24 + 16 = _____	h. 17 + 18 = _____

Lección 28:   Sumar un par de números de dos dígitos con diversas sumas en las unidades.

EUREKA MATH

Nombre _____ Fecha _____

Resuelve usando decenas rápidas y unidades, vínculos numéricos o la estrategia de flechas.

a. 12 + 16 = _____	b. 26 + 14 = _____
a. 18 + 16 = _____	b. 19 + 17 = _____

Lección 28:   Sumar un par de números de dos dígitos con diversas sumas en las unidades.

© 2019 Great Minds®. eureka-math.org

173

Lee

El amigo de Kiana le dio 3 pegatinas más. Ahora, Kiana tiene 16 pegatinas.
¿Cuántas pegatinas ya tenía Kiana?

Dibuja

Escribe

_____

_____

_____

Nombre _____   Fecha _____

1. Resuelve usando dibujos de decenas rápidas, vínculos numéricos o estrategia de flechas.

a. $13 + 12 =$ _____	b. $23 + 12 =$ _____
c. $13 + 16 =$ _____	d. $23 + 16 =$ _____
e. $13 + 27 =$ _____	f. $17 + 16 =$ _____
g. $14 + 18 =$ _____	h. $18 + 17 =$ _____

Lección 29:   Sumar un par de números de dos dígitos con diversas sumas en las unidades.

177

2. Resuelve usando dibujos de decenas rápidas, vínculos numéricos o la estrategia de flechas. Prepárense para comentar cómo resolvieron durante la Reflexión.

a. 17 + 11 = _____	b. 17 + 21 = _____
c. 27 + 13 = _____	d. 17 + 14 = _____
e. 13 + 26 = _____	f. 17 + 17 = _____
g. 18 + 15 = _____	h. 16 + 17 = _____

Lección 29: Sumar un par de números de dos dígitos con diversas sumas en las unidades.

© 2019 Great Minds®. eureka-math.org

EUREKA MATH

Nombre _____   Fecha _____

Resuelve usando dibujos de decenas rápidas, vínculos numéricos o estrategia de flechas.

a. 18 + 14 = _____	b. 14 + 23 = _____
c. 28 + 12 = _____	d. 19 + 21 = _____

Lección 29:   Sumar un par de números de dos dígitos con diversas sumas en las   **179**
                    unidades.

© 2019 Great Minds®. eureka-math.org

1.er grado

Módulo 5

Lee

Hoy, todos recibirán 7 pajillas para usarlas en nuestra lección. Luego, usarán sus pajillas y las de su compañero/a juntas. ¿Cuántas pajillas tendrás que usar cuando tú y tus compañeros/as las pongan juntas?

Dibuja

Escribe

_____

_____

_____

 **EUREKA MATH**   Lección 1:   Clasificar figuras geométricas en base a los atributos que las definen, usando ejemplos, variantes y no ejemplos.   183

© 2019 Great Minds®. eureka-math.org

Nombre _____   Fecha _____

1. Encierra en un círculo las figuras que tienen 5 lados rectos.

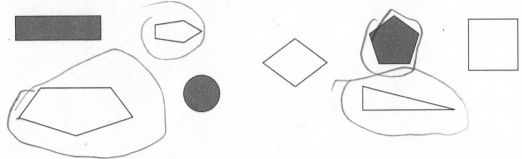

2. Encierra en un círculo las figuras que no tienen lados rectos.

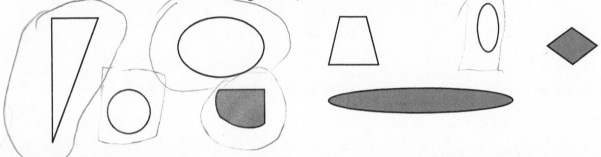

3. Encierra en un círculo las figuras donde cada esquina es una esquina cuadrada.

4.

a. Dibuja una figura que tenga 3 lados rectos:	b. Dibuja otra figura con 3 lados rectos que sea diferente a la 4(a) y a las de arriba:

Lección 1:   Clasificar figuras geométricas en base a los atributos que las definen,   **185**
             usando ejemplos, variantes y no ejemplos.

© 2019 Great Minds®. eureka-math.org

5. ¿Qué atributos o características son iguales para todas las figuras en el Grupo A?

GRUPO A

Todas _____.

Todas _____.

6. Encierra en un círculo la figura que mejor se ajusta al Grupo A.

7. Dibuja 2 figuras más que se ajusten al Grupo A:	8. Dibuja 1 figura que **no** se ajuste al Grupo A:

Lección 1:   Clasificar figuras geométricas en base a los atributos que las definen, usando ejemplos, variantes y no ejemplos.

EUREKA MATH

Nombre _____   Fecha _____

1. ¿Cuántas esquinas y lados rectos tiene cada una de las siguientes figuras?

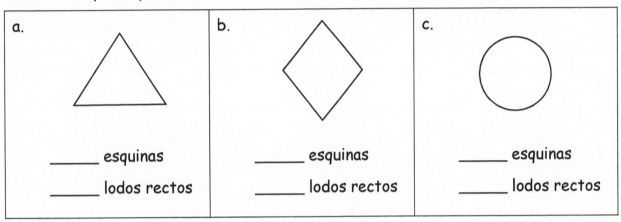

a.

_____ esquinas

_____ lodos rectos

b.

_____ esquinas

_____ lodos rectos

c.

_____ esquinas

_____ lodos rectos

2. Observa los lados y esquinas de las figuras en cada fila.

a. Tacha la figura que no tiene el mismo número de lados y esquinas.

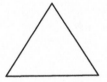 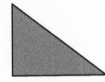 

b. Tacha la figura que no tiene el mismo tipo de esquinas que las otras figuras.

  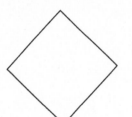

EUREKA MATH®

Lección 1:   Clasificar figuras geométricas en base a los atributos que las definen, usando ejemplos, variantes y no ejemplos.

© 2019 Great Minds®. eureka-math.org

187

Lee

Lee tiene 9 pajillas. Usa 4 pajillas para hacer una figura. ¿Cuántas pajillas le quedan para hacer otras figuras?

Extensión: ¿qué posibles figuras podría haber creado Lee? Dibuja las diferentes formas que Lee podría haber hecho usando 4 pajillas. Identifica cualquier figura cuyo nombre conozcas.

Dibuja

Lección 2:   Encontrar y nombrar figuras geométricas bidimensionales incluyendo trapecio, rombo y cuadrado como un rectángulo especial, en base a los atributos de lados y esquinas que las definen.

© 2019 Great Minds®. eureka-math.org

189

Escribe

_____

_____

_____

Lección 2:   Encontrar y nombrar figuras geométricas bidimensionales Pincluyendo
                    trapecio, rombo y cuadrado como un rectángulo especial, en base a
                    los atributos de lados y esquinas que las definen.
© 2019 Great Minds®. eureka-math.org

EUREKA
MATH

Nombre _____   Fecha _____

1. Usa la clave para colorear las formas. Escribe cuántas de cada forma hay
    en la imagen. Susurra el nombre de la figura mientras trabajas.

a. ROJO—figuras con 4 lados: ____7____   b. VERDE—figuras con 3 lados: ____3____

c. AMARILLO—figuras con 5 lados: ____0____   d. NEGRO—figuras con 6 lados: ____1____

e. AZUL—figuras sin esquinas: ____7____

Lección 2:   Encontrar y nombrar figuras geométricas bidimensionales incluyendo
trapecio, rombo y cuadrado como un rectángulo especial, en base a
los atributos de lados y esquinas que las definen.

© 2019 Great Minds®. eureka-math.org

191

2. Encierra en un círculo las figuras que son rectángulos.

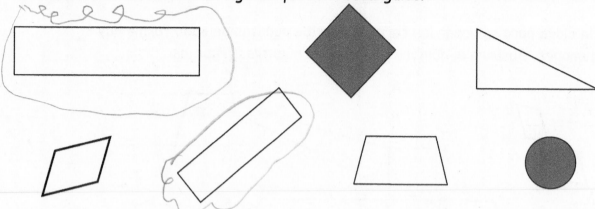

3. ¿Es la figura un rectángulo? Explica tu razonamiento.

a.

b.

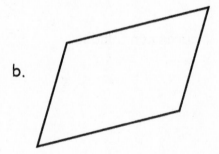

Lección 2:   Encontrar y nombrar figuras geométricas bidimensionales incluyendo trapecio, rombo y cuadrado como un rectángulo especial, en base a los atributos de lados y esquinas que las definen.

© 2019 Great Minds®. eureka-math.org

EUREKA
MATH

Nombre _____   Fecha _____

Escribe el número de esquinas y lados que tiene cada figura. Luego, relaciona la figura con su nombre. Recuerda que algunas figuras especiales pueden tener más de un nombre.

	triángulo

1.

_____ esquinas

_____ lados rectos

	círculo

2.

_____ esquinas

_____ lados rectos

	rectángulo

3.

_____ esquinas

_____ lados rectos

	hexágono

	cuadrado

4.

_____ esquinas

_____ lados rectos

	rombo

Lección 2:   Encontrar y nombrar figuras geométricas bidimensionales incluyendo trapecio, rombo y cuadrado como un rectángulo especial, en base a los atributos de lados y esquinas que las definen.

© 2019 Great Minds®. eureka-math.org

193

Lee

Rose dibuja 6 triángulos. María dibuja 7 triángulos. ¿Cuántos triángulos más tiene María que Rose?

Dibuja

Escribe

_____

_____

_____

Lección 3:   Encontrar y nombrar figuras geométricas tridimensionales incluyendo cono y prisma rectangular, en base a los atributos de caras y puntas que las definen.

© 2019 Great Minds®. eureka-math.org

195

Nombre Alan Ramirez   Fecha 4-20-23

1. En los primeros 4 objetos, colorea de rojo una de las superficies planas. Relaciona cada figura tridimensional con su nombre.

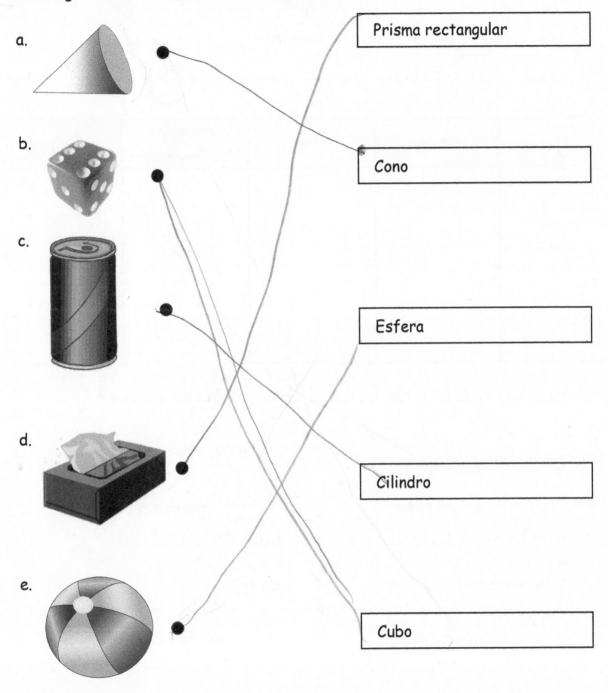

a.

Prisma rectangular

b.

Cono

c.

Esfera

d.

Cilindro

e.

Cubo

EUREKA MATH

Lección 3: Encontrar y nombrar figuras geométricas tridimensionales incluyendo cono y prisma rectangular, en base a los atributos de caras y puntas que las definen.

© 2019 Great Minds®. eureka-math.org

197

2. Escribe el nombre de cada objeto en la columna correcta.

bloque

caja de toallitas

dados

lata

globo

Pelota de tenis

Sombrero
de fiesta

Cubos	Esferas	Conos	Prismas rectangulares	Cilindros
block	tennis ball globe	Party hat	tissue box	can

3. Encierra en un círculo los atributos que describen a todas las esferas.

no tienen lados rectos   son redondas

pueden rodar   pueden rebotar

4. Encierra en un círculo los atributos que describen a *TODOS* los cubos.

tienen superficies   son rojos

son duros   tienen 6 caras

Lección 3:   Encontrar y nombrar figuras geométricas tridimensionales incluyendo cono y prisma rectangular, en base a los atributos de caras y puntas que las definen.
© 2019 Great Minds®. eureka-math.org

EUREKA
MATH®

Nombre _____   Fecha _____

Encierra en un círculo como verdadero o falso Escribe un enunciado para explicar tu respuesta. Usa el banco de palabras si hace falta.

Banco de palabras

caras	círculo	cuadrado
lados	rectángulo	punta

1.

Esta lata es un cilindro. Verdadero o Falso

2.

Esta caja de jugo es un cubo. Verdadero o Falso

EUREKA MATH®   Lección 3:   Encontrar y nombrar figuras geométricas tridimensionales incluyendo cono y prisma rectangular, en base a los atributos de caras y puntas que las definen.

© 2019 Great Minds®. eureka-math.org   199

Lee

Anton hizo una torre con una altura de 5 cubos. Ben hizo una torre con una altura de 7 cubos. ¿Cuánto más alta es la torre de Ben respecto a la de Anton?

Dibuja

Escribe

_____

_____

_____

Nombre _____ Fecha _____

Usa bloques de patrones para crear las siguientes figuras. Traza o dibuja para registrar tu trabajo.

1. Usa 3 triángulos para hacer 1 trapezoide.

2. Usa 4 cuadrados para hacer 1 cuadrado más grande.

3. Usa 6 triángulos para hacer 1 hexágono.

4. Usa 1 trapezoide, 1 rombo, y 1 triángulo para hacer 1 hexágono.

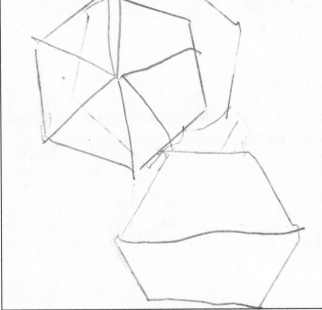

 Lección 4: Crear figuras compuestas a partir de figuras bidimensionales.

203

© 2019 Great Minds®. eureka-math.org

5. Haz un rectángulo usando los cuadrados a partir del bloque de patrones. Traza los cuadrados para mostrar el rectángulo que hiciste.

6. ¿Cuántos cuadrados ves en este rectángulo?

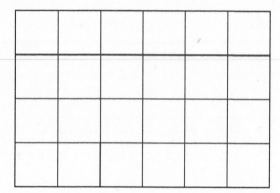

Yo puedo encontrar ___24___ cuadrados en este rectángulo.

7. Usa tu bloque de patrones para hacer una imagen. Traza las figuras para mostrar lo que hiciste. Di a un compañero qué figuras usaste. ¿Puedes encontrar algunas figuras más grandes dentro de tu imagen?

Lección 4:   Crear figuras compuestas a partir de figuras bidimensionales.

EUREKA MATH

Nombre _____   Fecha _____

Usa bloques de patrones para crear las siguientes figuras. Traza o dibuja para mostrar lo que hiciste.

1. Usa 3 rombos para hacer un hexágono.	2. Usa 1 hexágono y 3 triángulos para hacer un triángulo grande.

Lee

Darnell y Tamra están comparando sus uvas. El viñedo de Darnell tiene 9 uvas. El viñedo de Tamra tiene 6 uvas. ¿Cuántas uvas más tiene Darnell que Tamra?

Dibuja

Escribe

_____

_____

_____

Nombre Alan Ramirez   Fecha 4-24-23

1.

  a. ¿Cuántas figuras se usaron para hacer este cuadrado grande?

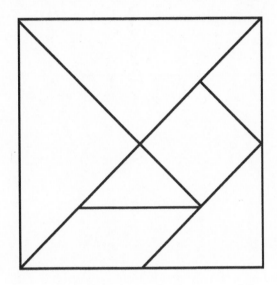

Hay _____ figuras
en este cuadrado grande.

  b. ¿Cuáles son los nombres de los 3 tipos de figuras usadas para hacer el cuadrado
      grande?

  square   triangle   rhombus

2. Usa 2 de las piezas de tu Tangram para hacer un cuadrado. ¿Cuáles fueron las dos
    piezas que usaste? Dibuja o traza las piezas para mostrar cómo hiciste el cuadrado.

3. Usa 4 de las piezas de tu Tangram para hacer un trapezoide. Dibuja o traza las
    piezas para mostrar las figuras que usaste.

EUREKA
MATH®

4. Usa todas las 7 piezas del Tangram para completar el rompecabezas.

5. Con un compañero, haz un pájaro o una flor usando todas tus piezas. Dibuja o traza para mostrar las piezas que usaste en la parte posterior de tu hoja. Experimenta para ver qué otros objetos puedes hacer con tus piezas. Dibuja o traza para mostrar lo que creaste en la parte de atrás de tu hoja.

Nombre _____   Fecha _____

Usa palabras o un dibujo para mostrar cómo puedes hacer una figura más grande con 3 figuras más pequeñas. Recuerda usar los nombres de las figuras en tu ejemplo.

Lección 5:   Componer una figura nueva a partir de figuras compuestas.

211

© 2019 Great Minds®. eureka-math.org

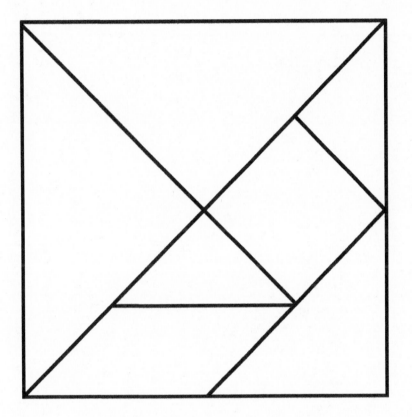

tangram

Lección 5:   Componer una figura nueva a partir de figuras compuestas.

213

© 2019 Great Minds®. eureka-math.org

Lee

Emi colocó en una fila 4 cubos amarillos. Fran colocó en una fila 7 cubos azules. ¿Quién tiene menos cubos? ¿Cuántos cubos menos tiene esa persona?

Dibuja

Escribe

_____

_____

_____

Nombre _____   Fecha _____

1. Trabaja con un compañero y otra pareja para construir una estructura con sus figuras tridimensionales. Puedes usar tantas piezas como elijas.

2. Completa la tabla para registrar el número de cada figura que usaste para hacer tu estructura.

Cubos	
Esferas	
Prismas rectangulares	
Cilindros	
Conos	

3. ¿Qué figura usaste en la parte inferior de tu estructura? ¿Por qué?

4. ¿Hay una figura que decidiste no usar? ¿Por qué sí o por qué no?

Lección 6:   Crear una figura compuesta a partir de figuras tridimensionales y describir la figura compuesta usando nombres y posiciones de figuras.

© 2019 Great Minds®. eureka-math.org

217

Nombre _____   Fecha _____

María hizo una estructura usando sus figuras tridimensionales. Usa tus figuras para tratar de hacer la misma estructura que María mientras el maestro lee la descripción de la estructura de María.

La estructura de María tiene lo siguiente:

- 1 prisma rectangular con la cara más corta tocando la mesa.
- 1 cubo por encima y a la derecha del prisma rectangular.
- 1 cilindro por encima del cubo con la cara circular tocando el cubo.

Lección 6:   Crear una figura compuesta a partir de figuras tridimensionales y
              describir la figura compuesta usando nombres y posiciones de figuras.

© 2019 Great Minds®. eureka-math.org

219

Lee

Peter preparó 5 prismas rectangulares para hacer 5 torres. Colocó un cono encima de 3 de las torres. ¿Cuántos conos más necesita Peter para tener un cono en cada torre?

Dibuja

Escribe

_____

_____

_____

Lección 7:   Nombrar y contar figuras como partes de un todo, reconociendo los tamaños relativos de las partes.

© 2019 Great Minds®. eureka-math.org

221

Nombre _____   Fecha _____

1. ¿Están divididas las figuras en partes iguales? Escribe **S** para sí o **N** para no. Si la figura tiene partes iguales, escribe cuántas partes iguales hay en la línea. El primer ejercicio ya está resuelto.

a.	b.	c.
S ___ **2** ___	___ ___	___ ___
d.	e.	f.
___ ___	___ ___	___ ___
g.	h.	i.
___ ___	___ ___	___ ___
j.	k.	l.
___ ___	___ ___	___ ___
m.	n.	o.
___ ___	___ ___	___ ___

Lección 7:   Nombrar y contar figuras como partes de un todo, reconociendo los tamaños relativos de las partes.

2. Escribe el número de partes iguales en cada figura.

a.	b.	c.
_____	_____	_____
d.	e.	f.
_____	_____	_____

3. Dibuja una línea para convertir este triángulo en 2 triángulos iguales.

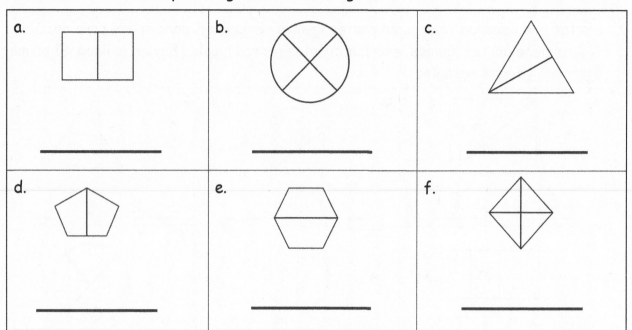

4. Dibuja una línea para convertir este cuadrado en 2 partes iguales.

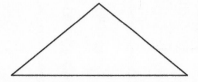

5. Dibuja dos líneas para convertir este cuadrado en 4 cuadrados iguales.

Lección 7:   Nombrar y contar figuras como partes de un todo, reconociendo los
                          tamaños relativos de las partes.

EUREKA
MATH

Nombre _____   Fecha _____

Encierra en un círculo la figura que tiene partes iguales.

¿Cuántas partes iguales tiene la figura? _____

Lección 7:   Nombrar y contar figuras como partes de un todo, reconociendo los
             tamaños relativos de las partes.

© 2019 Great Minds®. eureka-math.org

225

Lee

Peter y Fran tienen, cada uno, un número igual de bloques de patrón. Hay un total de 12 bloques de patrón. ¿Cuántos bloques de patrón tiene Fran?

Dibuja

Escribe

_____

_____

_____

Nombre A l(\n   Fecha _____

1. ¿Están divididas las figuras en mitades? Escribe sí o no.

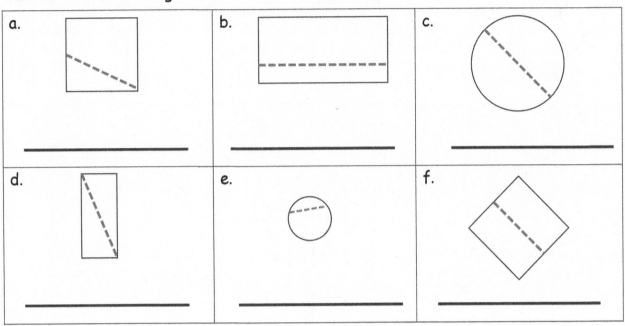

2. ¿Están divididas las figuras en cuartas partes? Escribe sí o no.

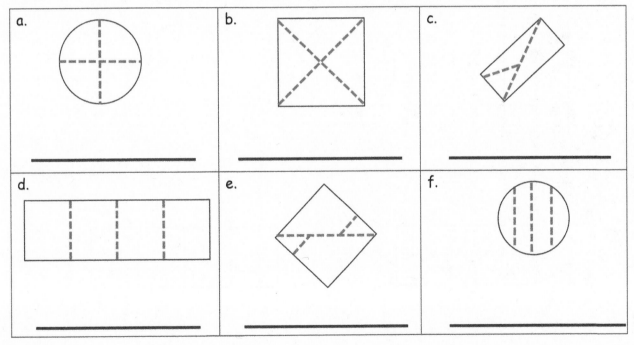

3. Colorea la mitad de cada figura.

a.
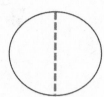

b.
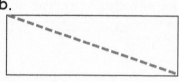

c.

d.
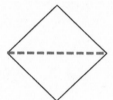

e.

f.

4. Colorea 1 cuarto de cada figura.

a.

b.
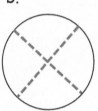

c.
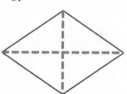

d.
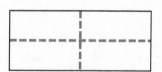

e.
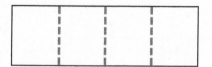

Lección 8:   Dividir figuras e identificar mitades y cuartos de círculos y rectángulos.

EUREKA
MATH

Nombre _____   Fecha _____

Colorea 1 cuarto de este cuadrado.	Colorea la mitad de este rectángulo.
Colorea la mitad de este cuadrado.	Colorea una cuarta parte de este círculo.

Lección 8:   Dividir figuras e identificar mitades y cuartos de círculos y rectángulos.

© 2019 Great Minds®. eureka-math.org

231

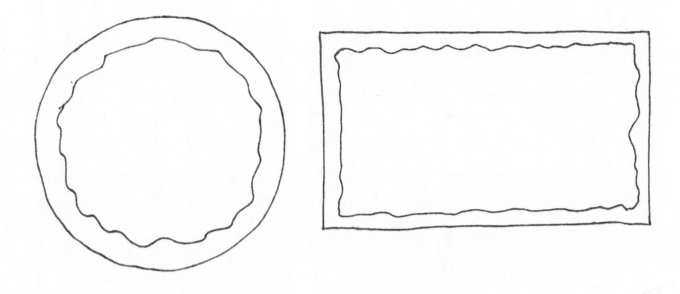

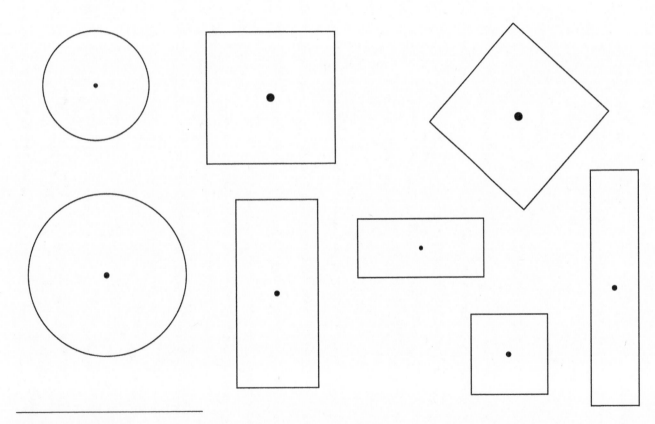

círculos y rectángulos

Lección 8:   Dividir figuras e identificar mitades y cuartos de círculos y rectángulos.

233

Lee

Emi cortó un brownie cuadrado en cuartos. Dibuja una imagen del brownie.

Emi regaló 3 partes del brownie. ¿Cuántas piezas le quedan?

Extensión: ¿qué parte o fracción del brownie total le queda?

Dibuja

Escribe

_____

_____

_____

EUREKA
MATH

Nombre _Alan Ramirez_ Fecha _4-27-23_

Nombra la parte sombreada de cada imagen como una mitad de la figura o una cuarta parte de la figura.

1.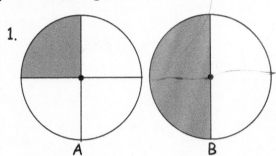

¿Cuál figura ha sido cortada en más partes iguales? _A_

¿Cuál figura tiene partes iguales más grandes? _B_

¿Cuál figura tiene partes iguales más pequeñas? _A_

2.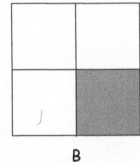

¿Cuál figura ha sido cortada en más partes iguales? _B_

¿Cuál figura tiene partes iguales más grandes? _A_

¿Cuál figura tiene partes iguales más pequeñas? _B_

3. Encierra en un círculo la figura que tiene la parte sombreada más grande. Encierra en un círculo la frase que hace que el enunciado sea verdadero.

La parte sombreada más grande es

(una mitad de / una cuarta parte de)

la figura entera.

Colorea la parte de la figura para que coincida con su nombre.

Encierra en una un círculo la frase que haría que la afirmación sea verdadera.

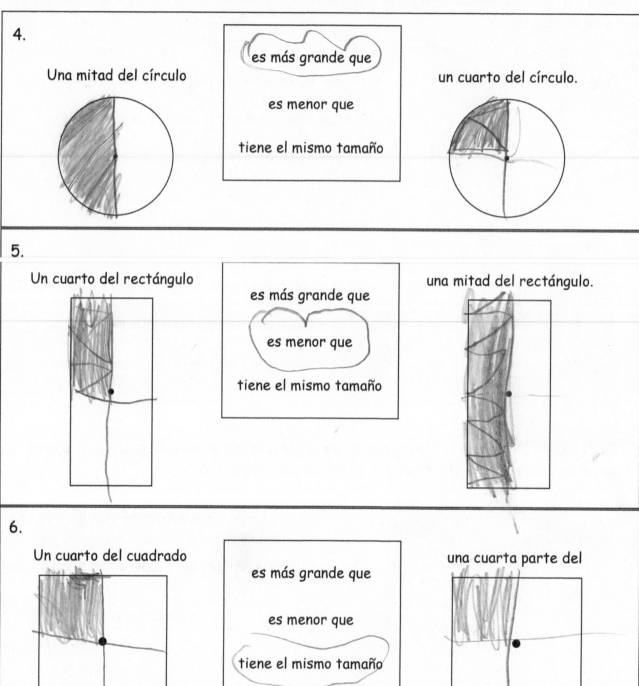

4.

Una mitad del círculo

es más grande que

es menor que

tiene el mismo tamaño

un cuarto del círculo.

5.

Un cuarto del rectángulo

es más grande que

es menor que

tiene el mismo tamaño

una mitad del rectángulo.

6.

Un cuarto del cuadrado

es más grande que

es menor que

tiene el mismo tamaño

una cuarta parte del

EUREKA MATH

Nombre _____   Fecha _____

1. Encierra en un círculo **V** para verdadero o **F** para falso.

 a. Un cuarto del círculo es más grande que una mitad del círculo.

 V   F

 b. Cortar el círculo en cuartos da más piezas que cortar el círculo en mitades.

 V   F

2. Explica tus respuestas usando los siguientes círculos.

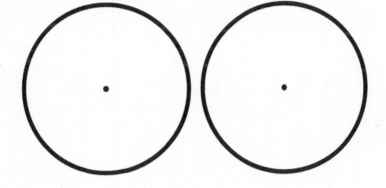

_____

_____

Lección 9:   Dividir figuras e identificar mitades y cuartos de círculos y rectángulos.

© 2019 Great Minds®. eureka-math.org

239

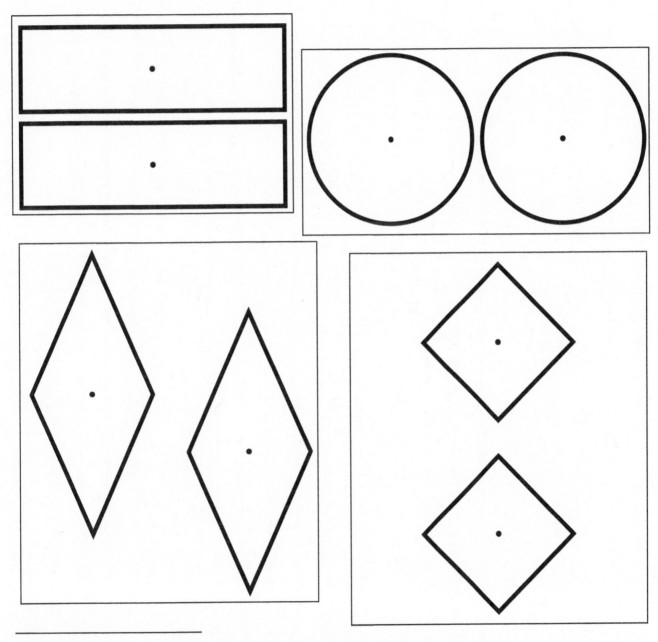

pares de figuras

Lee

Kim dibujó 7 círculos. Shanika dibujó 10 círculos. ¿Cuántos círculos menos dibujó Kim en comparación con Shanika?

Dibuja

Escribe

_____

_____

_____

Lección 10:   Construir un reloj de papel dividiendo un círculo y decir la hora en punto.

243

© 2019 Great Minds®. eureka-math.org

Nombre _____   Fecha _____

1. Relaciona los relojes que muestran la misma hora.

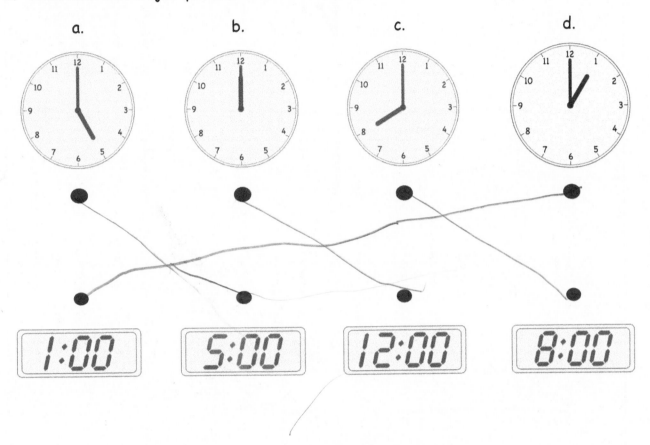

a.   b.   c.   d.

2. Coloca la manecilla de las horas para que el reloj lea las 3 en punto.

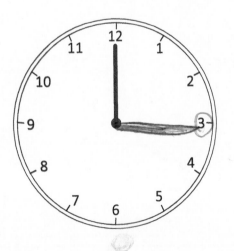

EUREKA
MATH®

Lección 10:   Construir un reloj de papel dividiendo un círculo y decir la hora en punto.

© 2019 Great Minds®. eureka-math.org

245

3. Escribe la hora que aparece en cada reloj.

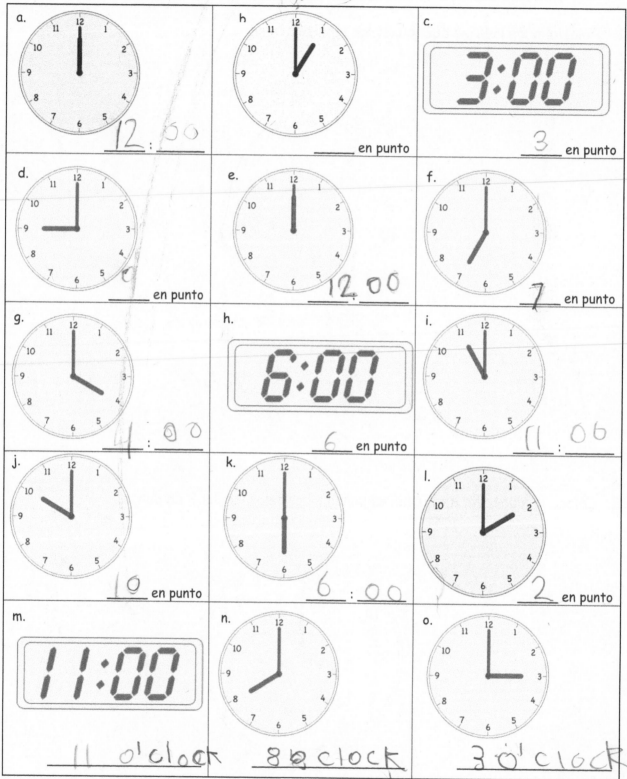

a. 12 : 00

b. _____ en punto

c. 3 en punto

d. _____ en punto

e. 12 : 00

f. 7 en punto

g. 4 : 00

h. 6 en punto

i. 11 : 00

j. 10 en punto

k. 6 : 00

l. 2 en punto

m. 11 o'clock

n. 8 oclock

o. 3 o'clock

EUREKA MATH®

Nombre _____   Fecha _____

Escribe la hora que aparece en cada reloj.

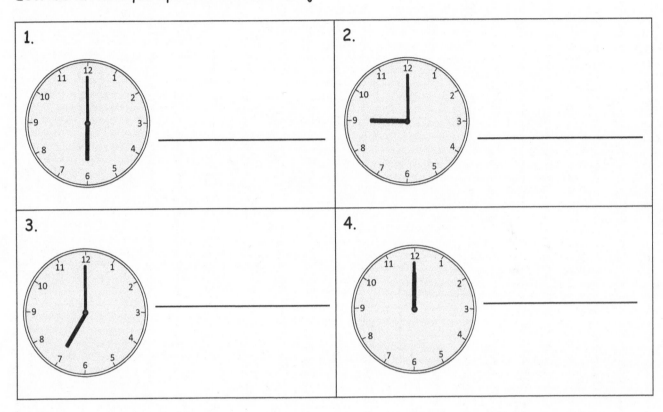

1. _____

2. _____

3. _____

4. _____

Lección 10:   Construir un reloj de papel dividiendo un círculo y decir la hora en punto.

247

© 2019 Great Minds®. eureka-math.org

Lee

Tamra tiene 7 relojes digitales en su casa y solo 2 relojes circulares o analógicos. ¿Cuántos relojes circulares menos tiene Tamra que relojes digitales? ¿Cuántos relojes tiene Tamra en total?

Dibuja

Escribe

_____

_____

_____

Lección 11:   Reconocer mitades dentro de una cara de reloj circular y decir la media hora.

© 2019 Great Minds®. eureka-math.org

249

Nombre_____ Fecha_____

1. Relaciona los relojes con las horas a la derecha.

a.

5 y media

12:30

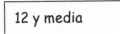
2:30

b.

Cinco y treinta

12 y media

c.

Dos y treinta

2. Dibuja una manecilla de los minutos para que el reloj muestre la hora escrita sobre éste.

a. 7 en punto

b. 8 en punto

c. 7:30

d. 1:30

e. 2:30

f. 2 en punto

Lección 11:   Reconocer mitades dentro de una cara de reloj circular y decir la media hora.

251

3. Escribe la hora que aparece en cada reloj. Completa los problemas como los primeros dos ejemplos.

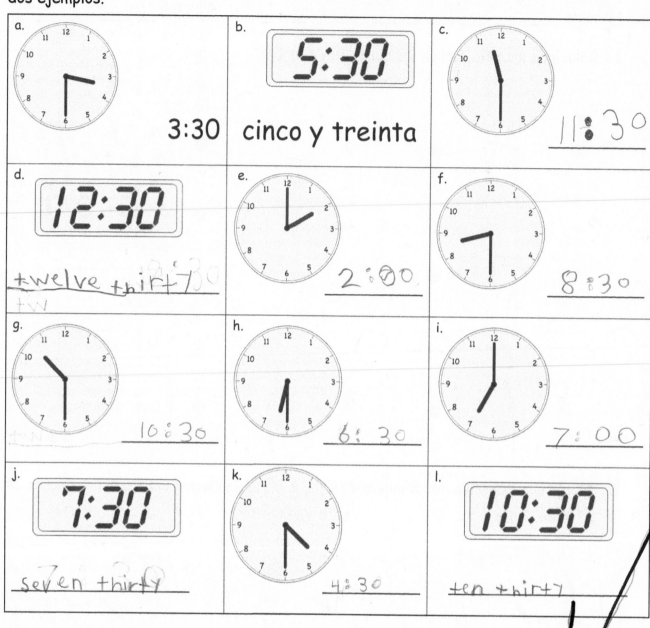

a.	b.	c.
	5:30	
	3:30 cinco y treinta	11:30

d.	e.	f.
12:30		
twelve thirty tw	2:00	8:30

g.	h.	i.
10:30	6:30	7:00

j.	k.	l.
7:30		10:30
seven thirty	4:30	ten thirty

4. Encierra en un círculo el reloj que muestra las 12 y media.

a.    b.    c.

Lección 11:   Reconocer mitades dentro de una cara de reloj circular y decir la media hora.

EUREKA MATH

Nombre _____   Fecha _____

Dibuja una manecilla de los minutos para que el reloj muestre la hora escrita sobre éste.

1.

9:30

2.

3:30

3. Escribe la hora correcta en la línea.

_____

EUREKA MATH®

Lección 11:   Reconocer mitades dentro de una cara de reloj circular y decir la media hora.

253

© 2019 Great Minds®. eureka-math.org

Lee

Sombrea el reloj desde el principio de una nueva hora hasta la media hora.

Explica por qué es igual a 30 minutos.

Dibuja

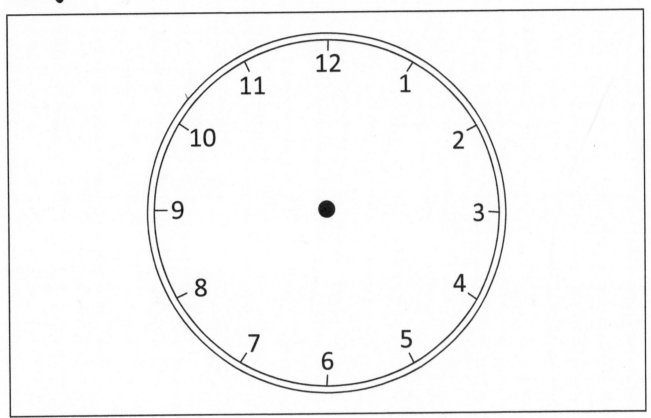

Escribe

_____

_____

_____

Nombre __Xian___ __Ramirez__   Fecha __5-3-2023__

Llena los espacios en blanco.

1.

El reloj __A__ muestra las once y media.

11:30

2.

El reloj __A__ muestra las dos y media.

2:30

3.

El reloj __A__ muestra las 6 en punto.

6:00

4.

El reloj __B__ muestra las 9:30.

5.

El reloj __B__ muestra la mitad después de las seis.

7:30

6. Haz coincidir los relojes.

a.

media hora después de las 7

7:30

b.

media hora después de la 1

7:00

c.

7 en punto

5:30

d.

media hora después de las 5

1:30

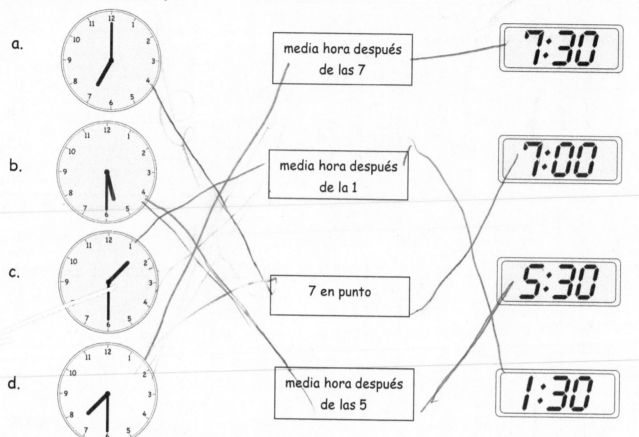

7. Dibuja las manecillas de los minutos y las de las horas en los relojes.

a.   3:30

b.   8:30

c.   11:00

d.   6:00

e.   4:30

f.   12:30

Lección 12:   Reconocer mitades dentro de una cara de reloj circular y decir la media hora.

EUREKA MATH

Nombre _____   Fecha _____

Dibuja las manecillas de los minutos y las de las horas en los relojes.

1.   1:30

2.   10:00

3.   5:30

4.   7:30

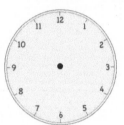

EUREKA
MATH

Lección 12:   Reconocer mitades dentro de una cara de reloj circular y decir la media hora.

© 2019 Great Minds®. eureka-math.org

259

Lee

Ben es un recolector de relojes. Tiene 8 relojes digitales y 5 relojes circulares. ¿Cuántos relojes tiene Ben en total? ¿Cuántos relojes digitales más tiene Ben que relojes circulares?

Dibuja

Escribe

_____

_____

_____

Nombre _____   Fecha _____

Encierra en un círculo el reloj correcto. Escribe la hora para los otros dos relojes en las líneas.

1. Encierra en un círculo el reloj que muestra la 1 y media.

a.    b.    c.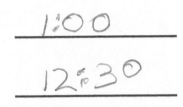

1:00

12:30

2. Encierra en un círculo el reloj que muestra las 7 en punto.

a.    b.    c.

8:00

6:00

3. Encierra en un círculo el reloj que muestra las 10 y media.

a.    b.    c.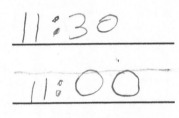

11:30

11:00

4. ¿Qué hora es? Escribe las horas en las líneas.

a.    b.    c.

_____   _____   _____

5. Dibuja las manecillas de los minutos y de las horas en los relojes.

a. 1:00

b. 1:30

c. 2:00

d. 6:30

e. 7:30

f. 8:30

g. 10:00

h. 11:00

i. 12:00

j. 9:30

k. 3:00

l. 5:30

Lección 13: Reconocer mitades dentro de una cara de reloj circular y decir la media hora.

© 2019 Great Minds®. eureka-math.org

EUREKA
MATH

Nombre _____   Fecha _____

1. Encierra en un círculo el reloj o relojes que muestran las 3 y media.

a.    b.    c.

2. Escribe la hora o dibuja las manecillas en los relojes.

a. 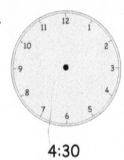   b.    c.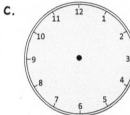

4:30   _____   9 en punto